會生病都是它害的?!

喵博士的
病毒解密探險

藝英 著 李真我 繪 申寅澈 監修
游芯歆 譯

目次

※ 本書內容為根據原書於韓國出版（2022年1月）時的狀況撰寫，
　　相關資訊與數據可能有變更之情形，敬請見諒。

閱讀之前

天呀！
病毒讓全世界陷入癱瘓

　　真沒想到會發生這種事！沒想到一年365天都得戴著口罩，而且不只是在室外，連在室內都得戴。無論去餐廳、電影院，還是遊樂園，不管到哪裡都必須在入口量體溫、消毒手部、實聯登記後才能進去。

　　以前不想上學的時候就曾經想過，如果能有哪一天在家裡用電腦上課，那該有多好！卻從沒想到會在家接受線上遠距教學這麼長的期間。去學校上課的時候也同樣感到驚慌，連和好久不見的同學們聚在一起聊天、玩耍都不行。上課的時候要各自坐在保持一定距離的單獨座位上，吃營養午餐的時候也是離得遠遠地各吃各的。因為大家都戴著口罩，都快忘了同學的長相。翹首以待的郊遊和運動會也是遙遙無期，不知道什麼時候才能舉行。

　　而且，家人生病住院的時候也不能隨便去探病，親戚家哥哥姊姊結婚之類的喜慶活動也限定了參加人數，沒法到場祝賀。

誰也沒想到會發生這種事情，這難道不是在科幻卡通或描寫未來社會的電影才會出現的場景嗎？

這一切都是因為2019年12月出現的新冠病毒這可惡的傢伙，導致全世界在兩年多的時間裡陷入恐慌狀態。每天確診者和死亡案例不斷地增加，整個社會苦不堪言，甚至有人說再也無法回到新冠肺炎出現之前的生活，病毒確實改變了我們的許多事情。

為什麼我們對看不見、摸不著的病毒束手無策呢？為什麼戰勝病毒的方法那麼難找到呢？

自古以來，《孫子兵法》裡就有「知彼知己，百戰不殆」的說法，意思就是要徹底瞭解對手，才能百戰百勝。所以我們在對抗病毒的攻擊時如果想贏得勝利，就應該深入瞭解病毒到底是什麼。

那麼，從現在開始就一起加入喵博士的病毒探險隊吧！不僅要看穿病毒的真面目，還要從歷史中找出足以戰勝病毒攻擊的方法！只要和對病毒無所不知的喵博士一起，就能徹底學習到病毒大小事。好，現在讓我們出發探險吧！

喵博士的病毒探險隊成員介紹

喵博士

帶領病毒探險隊的博士。
雖然外表看來不怎樣,
卻是長期研究病毒的
萬事通博士。
（有時看到貓受苦的樣子
會勃然大怒。）

智厚

病毒探險隊的一員,也是智恩的哥哥。
動不動就感冒,所以對病毒這傢伙很好奇。
性格毛躁,膽子也很小,
但好奇心不輸給任何人。

智恩

病毒探險隊聰明伶俐的老么!
無論出現多麼可怕的病毒,
都會安慰害怕的哥哥,
帶頭走在前面,
是最勇敢的探險隊員。

病毒

威脅全世界人類的存在——病毒！
長得一副壞心眼的模樣，
讓人一看就瑟瑟發抖。但是，
再怎麼可怕的病毒也是有隱情的……。

細菌

地球上無處不在的細菌！
因為和病毒有很多相似之處，
所以人們往往搞不清楚兩者的差別。
（但沒病毒那麼讓人傷腦筋。）

第 1 章

病毒到底是
什麼？

我們周圍一直存在著病毒，但你知道病毒是什麼嗎？是不是覺得病毒就是一個只會引發疾病、傳播疾病的壞傢伙？病毒到底是什麼、長什麼樣子、如何引起疾病的？現在就讓我們來仔細瞭解這傢伙的真面目吧！

所有生命體的祖先，微生物！

什麼是微生物？

想瞭解細菌和病毒，首先要瞭解所有生物的祖先——微生物。

微生物又是什麼呢？微生物是指非常小，用肉眼看不到的微小生物，也是地球上最小的生命體。細菌是最小的微生物之一，比細菌還小的就是病毒。

那麼病毒也是微生物嗎？這很難說，因為病毒介於生物和無生物之間，很難將它分類為微生物。但是，如果具備了某種適合的環境，病毒就會像生物一樣活動，因此我們將病毒和微生物放在一起研究。

微生物有多小？

不是說：地球上最小的生命體是微生物嗎？那麼，微生物到底有多小呢？一絲絲？一丁點？一咪咪？

要不要從書桌抽屜裡拿尺出來看看？微生物一般不超過0.1公釐。0.1公釐是一顆砂糖粒的長度，所以真的很小吧？這麼小的微生物如果群聚成塊狀或許還看得見，但如果是一個個單獨存在的微生物，就很難用肉眼分辨出來。

微生物是如何誕生的呢？

　　雖然微生物很小，卻不能因此輕視它。微生物可以說是地球上所有生命體的祖先。

　　距今大約46億年前，地球剛剛形成的時候，大氣中並沒有氧氣。沒有氧氣就意味著生命體不可能生存。從那之後漫長的10億年時間過去，有一天，海裡出現了一種名為「藍綠菌」的原始微生物。藍綠菌利用陽光、水和二氧化碳進行光合作用製造出氧氣。地球上有了氧氣之後，也接二連三出現了用氧氣呼吸的生命體。

　　從此以後，地球上充滿了各式各樣的生命體。這麼多的生命體中也包括了人類，這點可不能忘記！

不要因為小就瞧不起！多虧了我們這些微生物，地球上才有了生命體！

現在知道為什麼把看不見的微生物稱為生命體的祖先了吧？

哦，真的是祖先嗎？

哦～

微生物無所不在

微生物是世界上數量最多的生物。地球上存在的生物大約60%都是微生物，不僅數量多，種類也多。這麼多的微生物，雖然我們用肉眼看不到，但它們卻存在於我們視力所及的每一個地方，在地下、在海底、在空氣中、在大樹上、在泥土裡，甚至存在於我們的身體裡。

那麼，我們經常會接觸到的微生物有哪些呢？

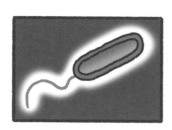

細菌

微生物的代表就是細菌！細菌是一種單細胞的簡單生物，也是在地球上數量最多的生命體。雖然會引發各種疾病造成傷害，但也可以開發成藥品，或做到保護農作物等有益的事情。

病毒

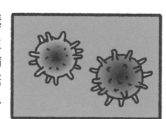

病毒比細菌更小，而且沒有細胞，像是微生物，但又不是生物，是介於中間的傢伙。病毒會從其他生命體的細胞中搶奪營養成分繁殖，不僅會引發各種疾病，嚴重時還會讓人陷入死亡的恐懼中，是個令人生畏的存在。

菌類

我們時常看到的黴菌、促使麵包和酒發酵的酵母、可以做成美味菜餚的蕈菇，全都屬於菌類。菌類從活著或死去的生物身上汲取營養，只要是溫暖潮濕的地方，不管哪裡都能快速生長。

藻類

藻類是一種主要在水中生長繁殖的生物，具有像植物一樣進行光合作用製造氧氣的色素。根據色素的不同可分為像石蓴一樣呈綠色的綠藻類、像海帶或昆布一樣呈褐色的褐藻類、像紫菜一樣泛著鮮紅色的紅藻類。

古細菌

古細菌長得跟細菌很像，不過與細菌不同的是，古細菌可以生活在地球上最寒冷的南極冰川中，也可以在炎熱的熱帶地區存活。不管是在深海中，還是在熱水噴發的海底熱泉都能承受得住，具有非常強悍的生存能力。

原生動物

原生動物就像細菌一樣，大多是由單一的細胞組成的單細胞生物，生活在海水、湖水、河流之類的水中。具有細細的毛狀或足狀的長形器官，可以自由活動和狩獵。原生動物外型像果凍，而且會一直變換形態，變形蟲、草履蟲、眼蟲等都屬於原生動物。

病毒是如何被發現的？

不是說微生物小得連肉眼都看不見嗎？這麼小的東西是怎麼發現的？

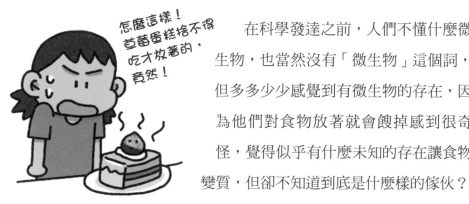

怎麼這樣！草莓蛋糕捨不得吃才放著的，竟然！

在科學發達之前，人們不懂什麼微生物，也當然沒有「微生物」這個詞，但多多少少感覺到有微生物的存在，因為他們對食物放著就會餿掉感到很奇怪，覺得似乎有什麼未知的存在讓食物變質，但卻不知道到底是什麼樣的傢伙？

看到可怕的傳染病擴散，人們紛紛染疫的時候，也忍不住產生這樣的想法。一定有某種東西在傳播疾病……。

但是，究竟是什麼東西卻無從得知。

智恩呀
感冒會傳染～
別過來～

奇怪…

智厚
你還好嗎？

咳咳咳

眼鏡商楊森製造的顯微鏡

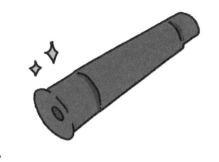

　　1590年左右的某一天，荷蘭的眼鏡製造商查哈里亞斯·楊森做出了微生物史上劃時代的發現，他注意到當兩片透鏡重疊時，下面的字看起來很大。於是，楊森將兩個凸透鏡重疊在一起，製造出能將事物放大來看的顯微鏡，這就是人類最早的顯微鏡。

我的天！這是！

看得到我嗎？

第一個發現微生物的雷文霍克

　　繼楊森的發明之後，顯微鏡的性能也有了快速的發展，1676年荷蘭科學家安東尼·范·雷文霍克製造了放大率最高達約270倍的顯微鏡。雷文霍克用這個顯微鏡觀察從屋頂上掉下來的雨滴時，發出了一聲驚叫。在看似清水的雨滴中，竟然有無數的生命體在蠕動。這就是初次觀察到微生物的瞬間！

看來我們被發現了！

最早發現的病毒是菸草鑲嵌病毒！

　　從那之後大約過了200年，到了1892年時，俄羅斯的微生物學家德米特里·伊凡諾夫斯基正在研究出現在菸葉上的菸草鑲嵌病。他在進行從染病的菸葉汁液中過濾掉細菌，再把汁液灑到健康的菸葉上，看看是否還會傳染的實驗。

　　伊凡諾夫斯基看著再怎麼過濾細菌，健康的菸葉還是會染病的情況，直覺有什麼比細菌還小的東西在傳播疾病，原來罪魁禍首就是菸草鑲嵌病毒。伊凡諾夫斯基沒能直接觀察到這種病毒，因為當時顯微鏡的放大倍率還無法看到比細菌更小的東西。

透過電子顯微鏡首次觀察到的病毒

直到1931年電子顯微鏡發明之後，人類才親眼看到了病毒。德國物理學家恩斯特‧魯斯卡和機電工程師馬克斯‧諾爾製造出第一台電子顯微鏡，從此以後就能觀察到病毒了。這時也才第一次有了「病毒」這個名稱，病毒的英文「virus」，在拉丁文中就是「毒」的意思。

病毒究竟是什麼，至今眾說紛紜

至今對病毒的來歷依然眾說紛紜，就連病毒是否為有生命的生物都還沒得出結論。

一般來說，生物會自行覓食製造能量，將自己的遺傳基因留給子孫後代進行繁殖，並且在外界發生變化時做出反應。同時，還會根據生存環境自我調適或改變基因結構自我進化。但是病毒並不具備這種生物的條件，所以不能明確地稱其為生物。

然而，我們也不能說病毒不是生物，因為病毒有時也像有生命的生物一般，只要進入了其他細胞生存，就會具備生物的條件。當病毒沒有進入細胞的時候，既不進食、不繁殖，不管外界有否變化都紋絲不動，所以也不會根據生存環境自我調適或自我進化。這時的病毒就像毫無動靜的無生物一樣，所以才會說病毒介於生物和無生物之間。

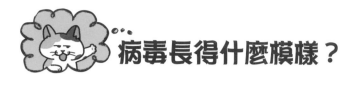

病毒長得什麼模樣？

病毒的大小

病毒比小之又小的微生物細菌還小，那麼到底有多小呢？

讓全世界陷入恐慌的新型冠狀病毒大小在100奈米（nm）左右。大家對「奈米」這個單位應該很陌生吧！ 1奈米等於10億分之1米（公尺），也就是把1公尺分成10億等分的大小。很難想像到底有多小吧？因為病毒非常非常地小，用一般顯微鏡都看不到，必須使用電子顯微鏡才能看到。如果沒有電子顯微鏡的發明，我們大概永遠也看不到病毒了。

病毒的結構

　　這小到不能再小的病毒，結構也十分簡單。病毒和細菌之類的生物不同之處，在於它沒有細胞。

　　若是把病毒放大來看，裡面有由DNA或RNA所組成的遺傳物質「核酸」，核酸外圍包裹著一層「蛋白質外殼」，而病毒表面還有用來和其他細胞結合的突起。總之，細看病毒的結構其實十分單純，就是由核酸和蛋白質外殼所組成的。

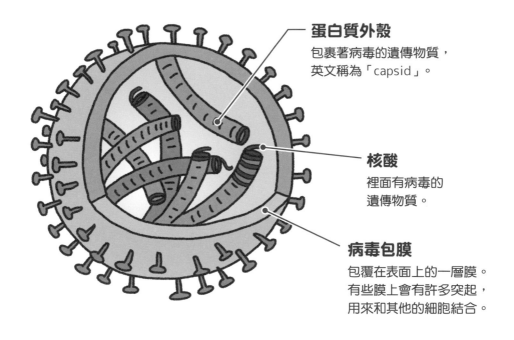

蛋白質外殼
包裹著病毒的遺傳物質，
英文稱為「capsid」。

核酸
裡面有病毒的
遺傳物質。

病毒包膜
包覆在表面上的一層膜。
有些膜上會有許多突起，
用來和其他的細胞結合。

病毒的模樣和數量

病毒的結構雖然簡單，模樣卻有很多種，以下就來看看幾種最特殊或最具有代表性的模樣。

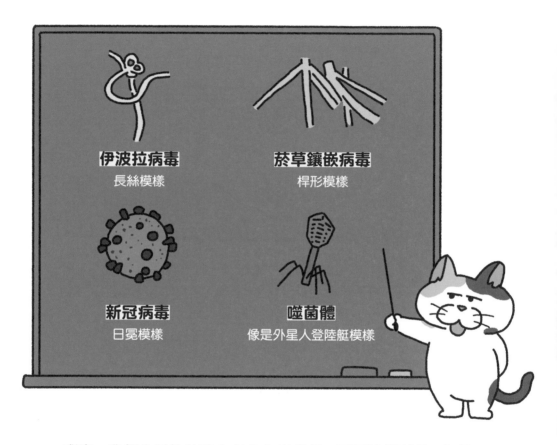

伊波拉病毒
長絲模樣

菸草鑲嵌病毒
桿形模樣

新冠病毒
日冕模樣

噬菌體
像是外星人登陸艇模樣

那麼，我們生活的地球上有多少病毒呢？不要被嚇到喔！如果把地球上的病毒排成一排，長度可以達到2億光年（光在一年期間所傳播的距離）那麼長。1光年大概等於9兆4670億公里，所以很難想像有多長吧？

病毒就像寄生蟲一樣

　　接著，就來說說病毒的壞話！怎麼說呢，病毒大概什麼都不會吧？自己不會動，也沒有獨立生存的能力，所以只能緊緊附著在人類或動植物等其他生物身上生存。

　　但是，這個無法單獨移動的傢伙只要一進入其他生物的細胞中，就會一反常態開始活躍起來，彷彿在自己家裡一樣到處亂跑，搶著吃掉養分。

「寄生」在「宿主」身上的病毒

　　像這樣無法獨立生存的生物，附著在其他生物身上汲取養分生存的行為，就稱為「寄生」。而對於寄生生物的生存有所幫助的生物，則稱為「宿主」。病毒就以附著在「宿主細胞」上搶奪宿主養分的方式寄生。

病毒入侵和繁殖

　　病毒通過吸收宿主身上的養分來生長和繁殖。於是，當病毒的數量增加時，便會破壞宿主的細胞脫離而出。這時，人類或動植物就染上了疾病。

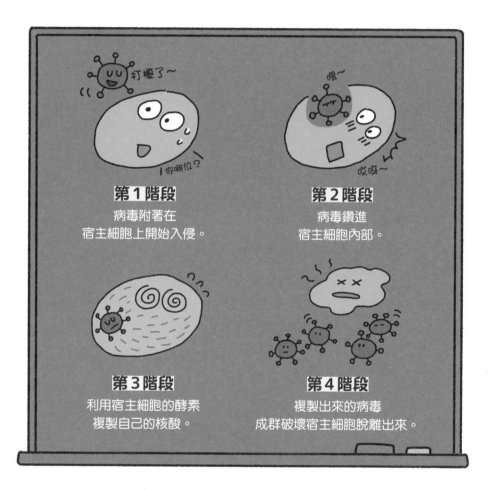

第 1 階段
病毒附著在
宿主細胞上開始入侵。

第 2 階段
病毒鑽進
宿主細胞內部。

第 3 階段
利用宿主細胞的酵素
複製自己的核酸。

第 4 階段
複製出來的病毒
成群破壞宿主細胞脫離出來。

　　那麼，把宿主毀掉了的病毒接下來去哪裡呢？還能去哪裡，為了生存，當然是再去尋找其他宿主細胞破壞囉！

每個病毒都有自己想要的宿主

　　病毒會不加區別地侵入所有生命體的宿主細胞嗎？那可不！這些傢伙也有各自的愛好。有些病毒只會感染動物，有些病毒則只感染植物，還有病毒只會感染細菌。

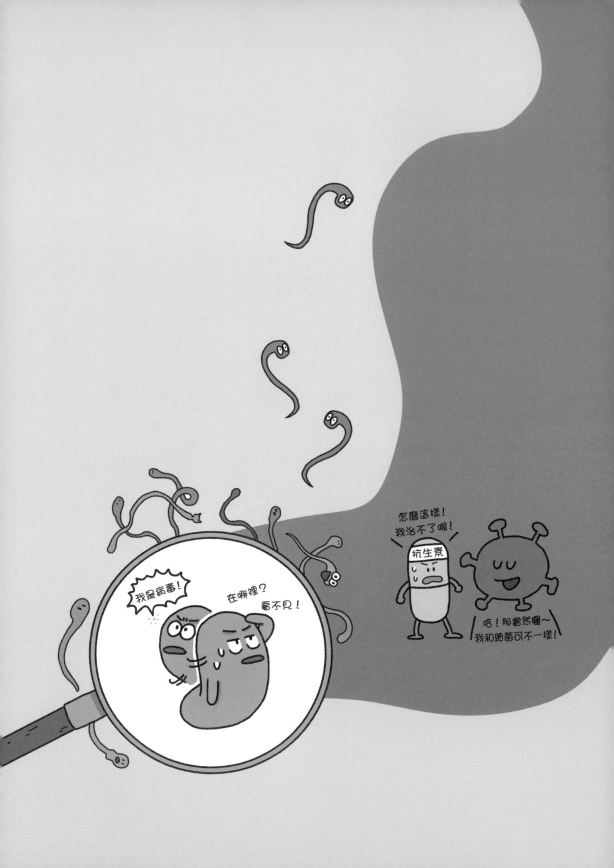

第 2 章

相似卻大不同的
細菌和病毒

提到病毒，就不能不說到另一個傢伙，那就是細菌。細菌就像病毒，是一種會散播病菌，致使人類生病的微生物。病毒和細菌看似相同，但仔細探究的話，其實有很大的差別。那麼，細菌究竟是什麼樣的傢伙，和病毒有什麼不同呢？

揭開細菌的真面目

細菌是什麼？

　　細菌就像病毒一樣是微生物的一種，英文稱為「bacteria」，最早出現在地球上的時間大約是40億年前，可說是地球上的生物中年紀最大的老人家。

真的是老人家！

我年紀已經有40億歲了⋯⋯

細菌

細菌有多小？

　　細菌多到數不盡，我們用肉眼卻一個都看不到。因為細菌的體積太小，無論人類的視力再好也不可能用肉眼看到，只能透過顯微鏡來看。

　　細菌有多小呢？通常一隻細菌的長度大約是1～5微米（μm）左右。1微米等於1米（公尺）的百萬分之1，也就是0.001毫米（mm）。來，拿尺出來看看！連1毫米都看不清楚，更別說用肉眼看清比這小1000倍的細菌吧？

喵博士，我什麼都看不到⋯⋯

在妳手上捧著的泥土裡就有超過30億隻的細菌喔～

細菌住在哪裡？

　　肉眼看不見的細菌是住在哪裡呢？聽說，因為細菌是致病微生物，所以比起乾淨的地方，似乎更喜歡生活在骯髒地方？這麼說，難道細菌只喜歡生活在廁所或垃圾堆之類的骯髒地方嗎？

　　叮！答錯了。我們生活的地球上，細菌無處不在，無論是高高的天空，還是天上飄浮的雲朵、空氣中、泥土裡、海底等都有細菌的存在。甚至在我們住的房子裡也是到處都充滿了細菌。

　　你竟然不知道細菌有那麼多？要我告訴你一個更驚人的事實嗎？就連我們體內也有著密密麻麻、超過數百種的細菌定居。我們在廁所裡上大號的時候，糞便重量的大半也都是細菌。

　　身體裡有那麼多的細菌會不會出大事呀？別擔心！細菌不一定都是有害的，尤其是人體中的細菌是無害的。定居在我們腸道中的細菌會負責分解我們所吃下去的食物，在這個過程中便會產生氣體，猜猜那是什麼？沒錯，就是屁呀，屁！

細菌的長相

　　小小的細菌長得什麼樣子呢？簡單地說，就是千姿百態，各自擁有不同的形狀和大小。不過還是有幾種比較常見的樣子。

球菌
外觀呈球形的細菌，
會根據排列方式
變成不同的細菌！

雙球菌
球菌兩兩成對，
就變成了雙球菌。

葡萄球菌
球菌堆聚成
葡萄串狀的細菌，
自然界中最廣泛分布的
類型，會感染人類
引發食物中毒等症狀。

桿菌
模樣呈桿狀的細菌。
桿菌的長寬各有不同，
有的外型彎曲就像
逗號一樣！

螺旋菌
螺旋狀的細菌，
主要棲息在人或動物的
腸胃裡，也是引發
胃癌的致病原因。

因為細菌會散播病菌，
所以大家以為細菌長得像
凶神惡煞或很噁心的樣子，
其實長得很簡單吧？

對呀～

說得也是…

細菌的結構

    細菌從外表看似乎很簡單，但仔細探究的話卻很複雜。儲存細胞資訊的DNA和合成蛋白質的核糖體等物質，被細胞質、細胞膜、細胞壁所包圍。

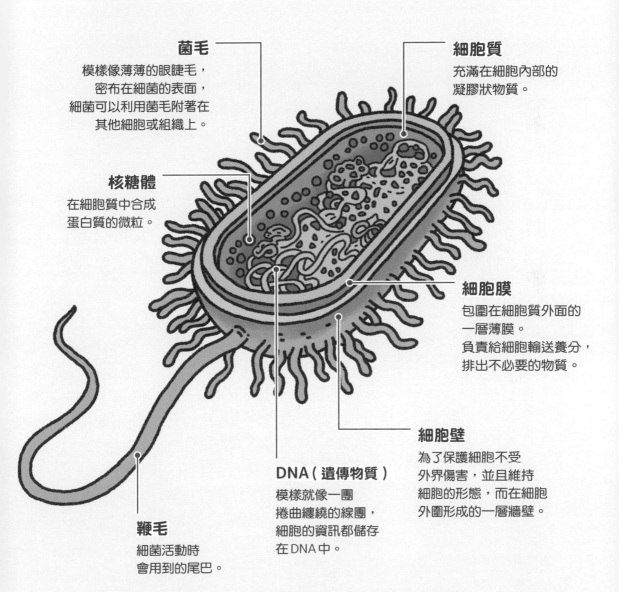

菌毛
模樣像薄薄的眼睫毛，密布在細菌的表面，細菌可以利用菌毛附著在其他細胞或組織上。

核糖體
在細胞質中合成蛋白質的微粒。

細胞質
充滿在細胞內部的凝膠狀物質。

細胞膜
包圍在細胞質外面的一層薄膜。負責給細胞輸送養分，排出不必要的物質。

細胞壁
為了保護細胞不受外界傷害，並且維持細胞的形態，而在細胞外圍形成的一層牆壁。

DNA（遺傳物質）
模樣就像一團捲曲纏繞的線團，細胞的資訊都儲存在DNA中。

鞭毛
細菌活動時會用到的尾巴。

 # 那麼多細菌是如何產生的？

　　據說地球上的細菌有超過5000的10次方那麼多。這麼多的細菌究竟是如何產生的？是靠雌雄交配繁殖的嗎？不是的！細菌沒有雌雄之分，不能通過交配繁殖。像細菌一樣由單一細胞組成的生物體，是靠「二分法」的方式繁殖的。所謂「二分法」是指一個細胞分裂成像雙胞胎一樣兩個細胞的過程。

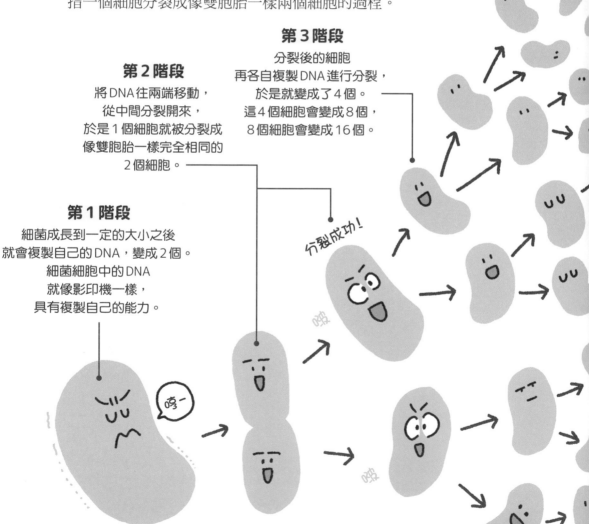

第3階段

分裂後的細胞
再各自複製DNA進行分裂，
於是就變成了4個。
這4個細胞會變成8個，
8個細胞會變成16個。

第2階段

將DNA往兩端移動，
從中間分裂開來，
於是1個細胞就被分裂成
像雙胞胎一樣完全相同的
2個細胞。

第1階段

細菌成長到一定的大小之後
就會複製自己的DNA，變成2個。
細菌細胞中的DNA
就像影印機一樣，
具有複製自己的能力。

分裂成功！

嘿一

細菌繁殖的速度非常快。例如，定居在人或動物腸道裡的大腸桿菌，每隻一分為二只需要20分鐘；再過20分鐘2隻會變成4隻；再過20分鐘，4隻會變成8隻。那麼過了12個小時之後，大腸桿菌會變成幾隻呢？足足超過68,700,000,000隻！

再加上細菌喜歡潮濕溫暖的環境，在這種環境下，只要得到充足的營養就能快速繁殖。不僅如此，細菌的生命力也令人嘆為觀止！在人類難以生存的冰天雪地或是酷熱等環境，細菌也絲毫不受影響，甚至還能在岩石中生存！

噗嚕噗嚕

第4階段
細菌像這樣不斷
以二分法分裂，
一下子就會分裂成
驚人的數量。

數量太多了，根本數不清！

好可怕喔！難以形容的生命力～

繁殖力不容小覷吧？

壞菌 vs. 益菌

　　一提到細菌，大家很容易就會認為是有害人體、應該消滅殆盡的存在。壞菌當然有，但也有很多益菌。接著就來看看壞菌和益菌各有哪些呢？

注意！小心以下壞菌
侵入動植物或人體中，引發疾病的病原菌

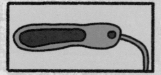

通過被汙染的水傳播，
引發霍亂的**霍亂弧菌**

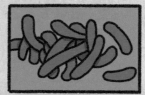

造成肺部結核的
結核桿菌

通過皮膚表面破損部位侵入人體，
造成傷口感染的**破傷風梭菌**

存活在口腔裡，
會腐蝕牙齒的**轉糖鏈球菌**

寄生在人或動物的胃裡，
會引發腸胃疾病的
幽門螺旋桿菌

我因為轉糖鏈球菌，
有了蛀牙……
去牙科看了
好幾次！

本月功勞獎！

在地球各處辛勤工作，為地球做出貢獻的細菌

泥土中的細菌
可以把空氣中的氮氣
轉化為植物生長時
所需的養分。

在我們體內大腸裡的細菌
可以消化食物，吸收營養成分，
幫助排泄多餘的殘渣。
還能對抗致病的壞菌，
提升免疫力。

我們通常稱為「乳酸菌」的乳酸桿菌，
會為我們製作美味的食物。
像泡菜、豆醬、優酪乳、起司都是
乳酸桿菌發酵之後製作出的
代表性食品。
食用由乳酸桿菌製作的食物
可以預防老化、肥胖或過敏反應。

 # 細菌 vs. 病毒

　　細菌和病毒乍看之下好像差不多吧？大概是因為這兩個傢伙都小到肉眼看不見的緣故。兩個傢伙的細胞都擁有遺傳物質，也都會引發疾病。但如果仔細觀察的話，兩者之間還是有很多不同點。

可以自行存活嗎？

　　細菌可以獨自快速繁殖，不管是在空氣中，還是在泥土裡，無論在什麼地方都可以自己進行個體複製存活。

　　但是病毒就沒辦法自行繁殖，只有寄生在動物或人類等其他生物上，吸收宿主細胞裡的養分才能生存。

還記得前面提到過的二分法吧？

誰比較大？

我是病毒！

在哪裡？看不見！

　　細菌和病毒都小到我們肉眼看不見的程度，但是用顯微鏡觀察的話，兩者的大小卻是有天壤之別。病毒只有細菌的 100 ～ 1000 分之 1 左右的大小，比細菌小得多。

可以單獨活動嗎？

細菌可以自由地單獨活動，但病毒卻無法自行活動，在遇上宿主細胞之前，沒法吃也沒法動，只有侵入宿主細胞之後，才能活躍地行動。

另外，細菌是由單一細胞組成的，具備生物的條件。但是病毒沒有細胞，結構比細菌簡單得多，所以被認為是介於生物和無生物之間。

誰帶來的危害更大？

細菌能引發疾病，但也能幫助人類，而病毒卻只會帶來危害。

由細菌引發的疾病有黑死病、霍亂、結核等。然而像流感、MERS、SARS等呼吸道疾病，以及天花、愛滋病、肝炎、食物中毒等，則是由病毒所引起的病症。

細菌引發的疾病可以使用抗生素治療，但病毒會一直快速變異，除非殺死被感染的細胞，否則無法消滅病毒，治療起來真的很困難。

第 3 章

撼動歷史的
傳染病

因為病毒和細菌肉眼看不到，所以一般人就會有「區區病毒？區區細菌？」的想法，根本不當一回事。但是病毒和細菌絕對不容小覷，它們是足以撼動歷史的驚人存在。不相信？那就讓我們走進歷史，看看因為病毒或細菌，全世界如何發生翻天覆地的變化。

 # 造成阿茲特克帝國滅亡的天花

13 ～ 15世紀左右，中美洲墨西哥地區有一個阿茲特克帝國。阿茲特克帝國的人創造了繁榮且高水準的古代文明。他們所留下的石板日曆、銅鑄貨幣、石造建築等，至今依然令人讚歎不已。

入侵阿茲特克帝國的科爾特斯軍隊

阿茲特克人長久以來一直在等待神話中的神祇出現，終於在1519年外型酷似神話中神祇的一群人出現在眼前。皮膚白皙的這群人是西班牙國王派來的軍人科爾特斯的軍隊，阿茲特克帝國的蒙特祖馬皇帝非常真誠地接待了他們。

但是，科爾特斯來到阿茲特克帝國另有其他目的。他打算征服阿茲特克帝國，將這裡變成西班牙的領土。所以科爾特斯威脅蒙特祖馬皇帝，要他獻出黃金。於是，阿茲特克帝國軍隊奮起反抗西

班牙軍隊，西班牙軍隊抵擋不住阿茲特克軍隊的猛烈攻擊。

意外的逆轉！天花病毒

然而這時卻發生了意想不到的逆轉，阿茲特克軍隊的一名士兵突然發燒，全身起了紅疹。以此為開端，不只士兵，病情也瞬間蔓延到整個王國。

到底發生了什麼事呢？西班牙軍隊裡有一名患了天花的士兵，阿茲特克軍隊的士兵就是被那名士兵傳染的。因為阿茲特克族從來沒有跟外界接觸，對天花病毒完全沒有免疫力，所以天花迅速地擴散，阿茲特克族一半以上的人口也因此失去了生命。

最後，阿茲特克帝國被西班牙征服後滅亡。阿茲特克帝國曾經興盛的文明成為最後的古文明，在歷史中銷聲匿跡，而造成這一切的原因就是天花病毒。

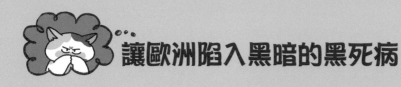 # 讓歐洲陷入黑暗的黑死病

　　距今約700年前，歐洲被捲入了死亡的漩渦。家家戶戶、大街小巷裡都堆滿了屍體。看著自己的父母或子女一個個死去，人們連流淚的時間都沒有，因為接下來成為屍體被人抬走的很有可能就是自己。

散播傳染病的鼠疫桿菌

　　讓歐洲人陷入死亡恐懼的是名為「黑死病」的傳染病。引發黑死病的罪魁禍首就是鼠疫桿菌（所以黑死病也稱為「鼠疫」）。鼠疫桿菌隨著附著在老鼠身上的跳蚤吸血而擴散開來。攜帶這種病菌的跳蚤在被吸了血的老鼠死亡之後，就會轉移到其他老鼠身上傳播病菌。不僅如此，跳蚤也會附著在人體上將細菌傳染給人類。

恐怖的黑死病

中世紀的人們營養和衛生狀況不好,如果身體被攜帶鼠疫桿菌的跳蚤咬了,就一定會被感染。感染了鼠疫桿菌的話,頭會痛到像是快裂開,還會發高燒,一直不停地劇烈咳嗽,咳到吐血。死的時候臉和四肢都會變成黑色,所以才被稱為黑死病,也就是「帶著黑暗死亡而來的病」之意。

人們不知道這病從何而來,又是為什麼會在人群中蔓延開來,當然也不知道正確的治療方法,只會用一些異想天開的方式進行治療。有些人懷疑是因為神發怒降下的天誅,便鞭打自己,希望病能因此好起來。有些人則認為是貓狗傳染疾病,便殺害那些無辜的生命。也有人說是到處流浪的吉普賽人散播傳染病,便殺死了他們。還有一些人乾脆躲到人跡罕至的地方隱居起來。

然而,在缺乏有效治療方法的情況之下,就很難避免死亡。最後,直到歐洲有三分之一的人口因此喪失了生命,黑死病的恐慌才算告終。

中世紀日報

黑死病來自什麼地方？

據推測，黑死病最早始於中國，經由中亞傳入義大利。

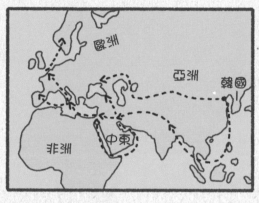

假設1：通過蒙古為了擴張領土所派遣的軍隊傳到歐洲。

假設2：由往來東、西方貿易通道「絲綢之路（絲路）」的貿易商傳到歐洲。

中國、蒙古、歐洲，我全都去過了！

醫生在治療黑死病時的建議穿著

黑死病大流行時，醫生們建議穿著以下服裝武裝自己。為了在觀察患者時避免受到疫病感染，必須做好澈底的準備。（※奇裝異服注意！）

準備物品：寬邊帽、手套、玻璃透鏡、內置香辛料（防止惡臭）的鳥喙形面罩。

那種裝扮我在萬聖節的角色扮演裡看過！

發抖～

緊急速報
黑死病導致封建制度走向崩潰！

此刻，歐洲社會正面臨黑死病
所引起的波濤洶湧變化！
歐洲長久以來維持的封建制度也即將崩潰！

何謂封建制度？

封建制度是指以土地為媒介制定身分階級，以此治理國家的一種制度。國王將土地分封給被稱為「領主」的臣子，並收取稅金作為代價；領主發誓效忠國王，並且在戰爭發生時會挺身為國王而戰。領主又將國王分封的土地分給被稱為「農奴」的農民耕種；農民則將收穫的糧食獻給領主。

最近因黑死病死亡的人太多，導致耕種的農奴嚴重不足，因此領主對待農奴的方式也發生了變化。過去，領主們在役使農奴時只付出少許的代價，並且粗魯地對待他們。但現在風氣一轉，必須提出優渥的條件，懇求他們工作。

許多專家認為，農奴的待遇有了改變之後，致使歐洲維持了數百年之久的封建制度走向崩潰。因此，黑死病被認為是顛覆歐洲歷史的疾病。

阻礙拿破崙征俄的斑疹傷寒

「我的字典裡沒有『不可能』這三個字！」

這句名言是誰說的呢？那就是拿破崙，從一個普通士兵成為法國皇帝的英雄。

拿破崙全盛時期

18世紀末的法國，當法國大革命成功地將國王趕下台之後，周邊國家開始感到緊張。他們擔心革命之火會蔓延到自己的國家，國王會被要求下台，因此歐洲國家群起攻擊法國。身為軍人的拿破崙因保衛法國，表現出色，一躍成為了英雄。拿破崙率領他的軍隊攻打義大利、奧地利、埃及等地，所到之處都取得了勝利，因此登上皇帝的寶座。1812年，他率領一支60萬人的大軍前往俄羅斯，所有人都認為拿破崙的軍隊一定會勝利，拿破崙對此也充滿了信心。

遠征俄羅斯的危機

然而，戰爭還沒開始，就發生了意想不到的情況。幾名士兵出現高燒、頭痛、發冷等症狀之後病倒不起。接著，病患人數以無法掌控的速度迅速增加，在短短一個月時間裡，有五分之一的士兵失去了生命。

打倒拿破崙的斑疹傷寒

之所以發生這種令人難以置信的事情，起因就在於一種名為斑疹傷寒的傳染病。拿破崙的軍隊是由訓練有素的士兵所組成的，但面對斑疹傷寒卻束手無策，只能在毫無防備的情況下等死。

那麼，斑疹傷寒為什麼會在拿破崙的士兵之間擴散開來呢？當一群人聚集在不衛生的環境下，最容易出現斑疹傷寒，尤其是蝨子大量孳生的梅雨季節或冬季更容易發生。而當時的情況正是如此，天寒地凍，而且又缺水，沒辦法洗澡，再加上有數十萬名的士兵聚集在一起，就形成了發病的最好條件。

拿破崙的沒落

在失去了無數士兵後抵達俄羅斯的拿破崙，意識到這場戰爭已經毫無勝算，俄羅斯的嚴寒也迫使士兵們不得不撤退。再加上俄羅斯不斷攻擊撤退的拿破崙軍隊，最後，遠征俄羅斯的60萬士兵中，只有大約5000人倖免於難。

這場戰役的失敗促使拿破崙走上沒落之路。如果拿破崙的軍隊在沒有感染斑疹傷寒的情況下擊敗了俄羅斯軍隊的話，結果會怎麼樣呢？我們今天所知道的歷史是否就會有所改變？

促使英國公共衛生改革的霍亂

　　19世紀初，英國人因為傳染病陷入了恐懼當中。當時流行一種病，會突然腹痛嘔吐，吃下去的東西全都被吐了出來，而且不斷腹瀉，拉出像米湯一樣的白色稀便，最後全身脫水死亡，這就是名為「霍亂」的疾病。

　　1831年夏天在倫敦首次被診斷出來的霍亂，奪走了5000多條人命，於第二年2月消失。但1848年又再度出現，造成大約1萬5000多人死亡，這種不明原因的病甚至令人聯想起中世紀讓歐洲陷入恐慌的黑死病。

骯髒引發霍亂？

　　霍亂是汙水、髒食中的弧菌所引起的疾病。當時的倫敦和現在浮現在我們腦中的倫敦有很大的不同，衛生狀況簡直一塌糊塗。工業革命的興起使得貧窮的工人全都湧向城市，他們密密麻麻地住在沒有窗戶的房子裡。因為沒有廁所，所以就在住家附近挖個坑，直接把糞便倒在坑裡。倫敦市街上隨處可見糞便，充滿了惡臭。

　　然而那些糞便都去了哪裡呢？糞便都被土地吸收進去，流入倫敦人汲水飲用的泰晤士河中。喝了被糞便汙染的水，人們有可能不感染霍亂嗎？

但是當時人們做夢也沒想到原因出在被汙染的水源，還以為是倫敦骯髒的空氣引發了這場可怕的傳染病。

　　這時，律師兼記者的愛德溫・查德威克與幾名醫生進行了調查，結果判斷原因在於城市不衛生的環境。愈是人口密集的地區，衛生狀況愈差，出現的病患也愈多。

　　查德威克建議建造一個能處理糞便的下水道，使用抽水馬桶，但卻沒人聽他的話。

約翰・斯諾的懷疑揭露了寬街水泵事件

　　1848年隨著霍亂在倫敦再度流行，又出現了許多犧牲者。當時身為醫生的約翰・斯諾便對空氣致病的假設產生了懷疑。

　　「所有病患都是因為急性腹瀉而死，這就是病因與食物有關的證據。如果是髒空氣引起的，那應該是肺部出現異常才對。所以，這種病的起因應該是汙水或食物中毒。」

　　約翰・斯諾開始在倫敦地圖上標示霍亂患者居住的地區。

於是1854年就爆發出「寬街水泵事件」，居住在倫敦寬街的居民中有500多人在10天內死亡。

約翰・斯諾得知死者們都是從寬街的一個公共水泵裡汲水飲用，他便去觀察水井四周。井附近到處都是人們亂倒的排泄物，並滲入地下汙染了井裡的水。

約翰・斯諾立即關閉水泵，讓居民飲用另一口井裡的水，死亡人數也從此明顯減少。

流行病學調查的開端

　　讓我們再仔細看看約翰・斯諾是如何解決寬街水泵事件的。約翰・斯諾拜訪了出現霍亂患者的家，並且在地圖上以一個個小方塊標示患者人數。看到下面地圖上的紅色小方塊了吧？小方塊愈多，就表示出現的患者愈多。從這張地圖就可以確定寬街水井周圍出現了特別多患者。

　　像約翰・斯諾這樣將寬街患者的居住地標示出來，藉此追查霍亂的起始點和擴散途徑的方法，就成了今天流行病學調查的開端。

　　以這次事件為契機，英國政府建立了上下水道設施，將供應居民飲用水的上水道和處理汙水的下水道分開，英國人終於可以喝到乾淨的水了。約翰・斯諾雖然沒能發覺是哪種細菌引發霍亂，但他確實控制了傳染病的擴散。

寬街水泵式水井位置

找到了！這就是傳染病的擴散途徑！

 # 顛覆第一次世界大戰勝負結果的西班牙流感

「德國因為流感在第一次世界大戰中戰敗！」

這怎麼可能？就因為區區的流感？

哎呀，幹嘛大驚小怪，流感是絕對不容小覷的喔！如果小看了引發流行性感冒的流感病毒，真的會吃大虧。

致命的流感

當普通感冒的病毒侵入我們身體時，如果具有免疫力的話，大概生病一個星期左右就會好起來。即使生病的時間稍微變長，頂多兩個星期過去也一定會痊癒。

但是流感絕對不是那麼輕易就能克服，症狀比感冒更嚴重，會發高燒，像是被球棒打了一頓似地全身肌肉痠痛，起都起不來。光靠我們平時的免疫力是很難對付這傢伙的，嚴重的話甚至會死亡。所以為了預防冬季流感，大家會提前去打流感預防針。

第一次世界大戰期間發生的流感

在號稱是歷史上最嚴重戰爭的第一次世界大戰期間，一場可怕的流感神不知鬼不覺地出現。1918年初夏，駐紮在法國的美軍出現了流感病患，但因為當時症狀並不那麼嚴重，所以即使出現病患也被認為無關緊要。

然而沒過多久，卻開始出現了死亡病例，患者迅速增加，一發不可收拾。由於軍隊的特性，許多軍人群聚在一處生活，衛生狀況也不好，因此傳染速度非常快。

隨著美軍秋天返回美國之後，問題變得更加嚴重，流感傳染速度驚人，一個月之內就有50萬美國人失去生命。想想看，光是有50人死於流感都很嚇人了，而現在死的是50萬人呀！

在美軍之間蔓延的「西班牙流感」

這種可怕的流感名為「西班牙流感」。奇怪，明明是在美軍之間散播開來的，為什麼卻叫做西班牙流感呢？

誤會NO！

不過是如實報導而已，流感可不是來自西班牙喔！

因為當時參與戰爭的國家擔心自己國家的軍人患上流感的事情被公開的話，會對戰爭產生不利的影響，所以無法在報紙上如實刊載。但西班牙在戰爭中是中立國，可以忠實地報導流感，因此這種流感就被稱為西班牙流感。

德國因西班牙流感而戰敗

　　西班牙流感從美國開始，像熊熊烈火一樣蔓延到法國、英國、義大利，最後傳到了眼見就要戰勝的德國。一般來說，兒童和老人最容易患上流感，但奇怪的是，西班牙流感卻集中在二、三十歲的年輕人身上。所以年輕健康的德國軍人束手無策地一個個病倒，幾乎到了沒有軍人上戰場的地步。

　　最後，德國因西班牙流感失去了很多軍人，並且在第一次世界大戰中敗北。西班牙流感一直持續到第一次世界大戰結束的第二年，在大約兩年的時間裡傳染了全世界三分之一的人口，奪走了約5000萬人的性命之後才銷聲匿跡。

使美國成長為強國的黃熱病

「託蚊子的福，美國成長為橫跨太平洋和大西洋的強國！」

這話什麼意思？說的就是有關建設巴拿馬運河的故事。

太平洋和大西洋之間隔著一處名為「巴拿馬地峽」的地方，地峽是指一段非常狹長的陸地，當船隻想從太平洋到大西洋的時候，因為這段狹長的土地，只能繞行南美洲大陸。

在如此不方便的情況下，早在 16 世紀便有人提議開挖巴拿馬地峽的土地，建設一條運河讓船隻能夠通過。但是因為工程困難，所以計畫胎死腹中。

法國試圖修建巴拿馬運河

　　巴拿馬運河的建設計畫的實際動工，是在1878年由法國首度嘗試進行的。當時法國外交官斐迪南・德・雷賽布剛剛成功地完成了連接歐洲－印度洋－西太平洋的蘇伊士運河修建工程。因為他實現了所有人都認為不可能完成的事情，所以當他接到修建巴拿馬運河的任務時也充滿了自信。

　　「我們法國將打造連接太平洋和大西洋的捷徑！一旦這條運河完工，法國的地位就會更上一層樓。」

　　然而在開工之後，卻發生了始料未及的事情。參與工程的工人們突然接二連三地病倒，發高燒到攝氏40度，皮膚變得像黃疸一樣黃。因為畏寒，身體不斷地顫抖，還不停嘔吐，最後失去生命。

　　別嚇到哦！聽說這個時期死亡的工人高達2萬多名。

黃熱病毒

　　後來才知道，這種病是由蚊子傳播的黃熱病毒所引起的。巴拿馬地峽是熱帶雨林氣候地區，蚊子很多。黃熱病毒從蚊子傳染給人類之後，人就會感染黃熱病，臉會變黃，高燒不退。當時法國在不知道病因的情況下蒙受了巨大損失，不得不放棄工程，自尊心受到的傷害就更不用說了。

嗡～ ˇˇˇ

竟然因為蚊子
不得不放棄～

經歷過黃熱病的美國大成功

　　1903年的某一天，美國出面表示要購買法國失敗的工程權。

　　「沒那麼容易吧？」

　　「又會失敗吧？」

　　雖然大家都抱持著懷疑的態度，但美國卻暗自露出了微笑。

　　其實美國早就經歷過黃熱病的慘痛教訓。早期在開墾美洲大陸的時候，美國強行從非洲運來黑人奴隸開荒。這時，蚊子也跟著過來，導致黃熱病在美國大規模擴散。

　　美國根據當時的經驗，從一開始施工就全力營造蚊子和蚊子幼蟲無法繁殖的環境。蚊子會在積水的地方產卵，所以就清除可能形成積水的場所，並且對蚊子可能的棲息地進行消毒。工人的宿舍裡也架起蚊帳、噴灑藥物，完全阻擋了蚊子的接近。

在這樣的努力之下，美國的狀況和法國不同，施工時黃熱病患者大幅減少。1906年出現最後一名病患之後，黃熱病完全消失，從此以後運河工程進行得十分順利。

1914年，巴拿馬運河終於竣工。過去必須繞行南美洲的遙遠航程，如今可以通過巴拿馬運河大幅縮短。

美國擁有了巴拿馬運河的百年經營權，在經濟上受益匪淺，也因此奠定了成長為橫跨太平洋和大西洋的強國基礎。

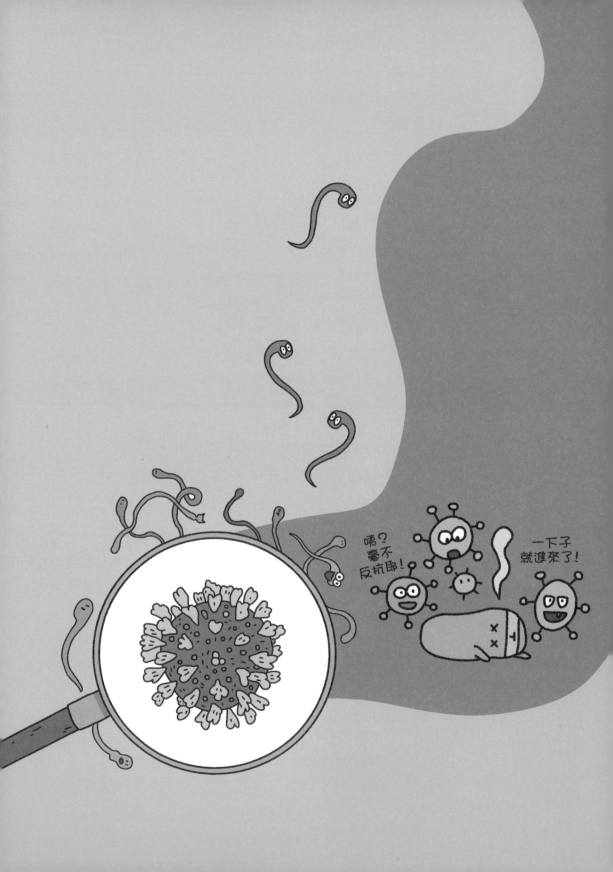

第 4 章

近年擾亂全球的
新型傳染病

在過去的一百年裡，病毒一直引發各種傳染病，對人類造成威脅。近年來，感染人類並發生強烈變異的新型病毒頻頻出現，擾亂了整個地球。未來我們還要面對多少更強大的病毒呢？

 # 變得更強大的新型病毒！

什麼是新型病毒？

新型病毒是什麼意思？在辭典中查找「新型」一詞的話，意思是「新的類型」，所以新型病毒就是指過去從未出現過的新類型病毒，是病毒中最危險的病毒。

因「變異」而越發強大的病毒

病毒以「變異」的方式逐漸變強。聽過「突變」這個詞吧？「變異」就是和突變的「變」同樣的意思。

當病毒進入宿主細胞後，宿主就會對病毒產生免疫力，形成病毒無法繼續生存的環境。這時，病毒為了在新環境中求生存，就會開始變形。它會改變自己的基因特徵，重新誕生為一種新類型的病毒。這時誕生的新型病毒往往比之前的更強大，傳播速度也更快。

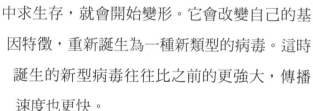

那麼，就讓我們來瞭解近幾年出現造成全世界恐慌的新型病毒吧！

# 引起嚴重呼吸系統疾病的SARS

SARS 的首次現蹤

　　2002年冬天，一位名叫陳強尼（Johnny Chen）的華裔美籍商人住進了香港的一家醫院。他經由中國南方的廣東地區要前往越南，中途卻突然發燒，咳嗽到喘不過氣來只好住院。不久之後，與陳強尼有相同症狀的患者陸續出現。這些患者有的是和陳強尼搭乘同一班飛機或住同一家飯店，有的則是同一家醫院的醫護人員。他們都出現了和陳強尼相同的症狀，甚至惡化成肺炎，危及性命。

　　這種前所未見的疾病迅速蔓延到香港、新加坡和越南等亞洲地區，就連加拿大和美國也頻頻出現病患。

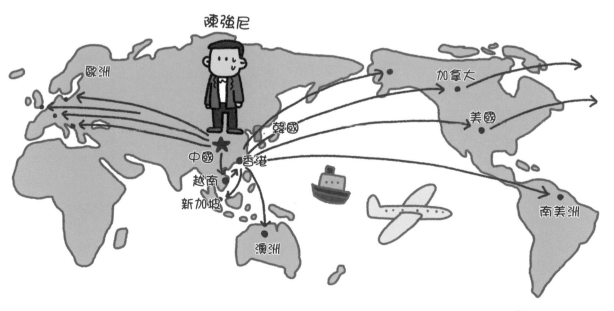

引發 SARS 的 SARS 冠狀病毒

這種疾病被稱為SARS，也就是「嚴重急性呼吸道症候群」，是由SARS冠狀病毒所引起的一種疾病，透過噴嚏、說話時產生的飛沫（非常細小的唾液顆粒）或被患者體液汙染的物體等傳播。

冠狀病毒原本是不危險的？

要瞭解SARS冠狀病毒，必須先瞭解冠狀病毒。

冠狀病毒是一種以動物為宿主的病毒，主要存在於狗、豬和雞的體內。這對動物來說雖然很危險，但當人類被感染時，只會出現感冒或腹瀉等輕微症狀，並沒有那麼危險。然而，一旦這種冠狀病毒發生變異，變成SARS冠狀病毒的話，就會成為對人類具有致命性的病毒。

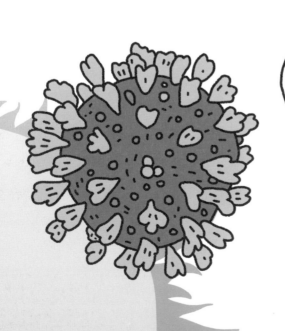

冠狀病毒（coronavirus）的名稱取自太陽表面的「日冕」（solar corona）。病毒表面的突起猶如王冠一般，模樣很像日冕。

傳播SARS冠狀病毒的罪魁禍首

傳播這麼危險的SARS冠狀病毒的罪魁禍首，就是蝙蝠。不過，牠們當然不是為了欺負人類才故意傳播的。

以驚人的速度肆虐全球的SARS

SARS冠狀病毒傳播到人類身上之後，感染者會出現超過攝氏38度的高燒、劇烈咳嗽、呼吸困難、肌肉疼痛等症狀。百分之九十的感染者會在患病約一週後痊癒。但是老人和孩童，或是已經患有其他疾病的患者，症狀就非常嚴重，甚至需要藉由機器才能呼吸。

自2002年11月出現了首例病患之後，在約7個月的時間裡就擴散到32個國家，共出現8000多名病患，直到死亡人數達到774人之後，才慢慢平息下來。遺憾的是，至今還沒能開發出SARS疫苗或預防藥物。

由豬隻傳播的新型流感

　　2009年，新型流感肆虐全球。「流感」是「流行性感冒」的簡稱，前面冠上「新型」兩個字，代表這是一種過去從未出現的新類型流行性感冒，大家都知道吧？不過，這也意味著還沒開發出可用於治療引發這類流感病毒的疫苗。

新型流感的症狀

　　乍看之下，這種新型流感與一般流感很相似，但症狀更加嚴重，沒過多久，甚至出現死亡病例，真沒想到竟然還有這麼可怕的流感。從當年4月開始的新型流感，到第二年夏天已經奪走了約1萬8000人的性命。這是官方發布的數字，實際死亡人數可能達到20倍之多。

HlNl 新型流感的感染途徑

引發這種恐怖流感的病毒到底是什麼？

引發人類流感的流感病毒種類大致有A型、B型、C型，其中最致命的是A型流感病毒，而這種新型流感就是由A型病毒變異的H1N1病毒引起的。

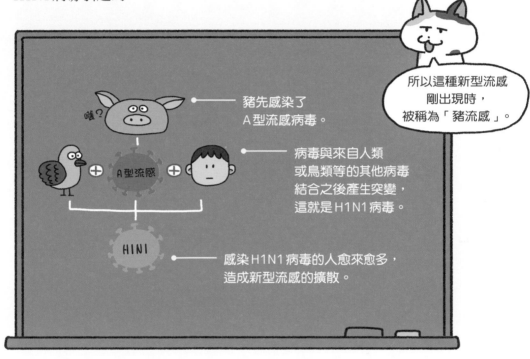

豬先感染了
A型流感病毒。

病毒與來自人類
或鳥類等的其他病毒
結合之後產生突變，
這就是H1N1病毒。

感染H1N1病毒的人愈來愈多，
造成新型流感的擴散。

所以這種新型流感
剛出現時，
被稱為「豬流感」。

在墨西哥首次出現感染者後，H1N1新型流感經由美國擴散到全世界。由於是透過病毒感染者的唾液或鼻水等分泌物傳播，所以傳播速度非常快。

幸好有名為「克流感（Taminflu）」的抗病毒製劑，才讓轟動全世界的H1N1新型流感得以平息下來。

 # 導致禽類大量死亡的禽流感

什麼是禽流感？

你有沒有過纏著媽媽說要吃炸雞，卻聽到媽媽說有禽流感，不可以買炸雞的經驗？那時無意中聽到的「禽流感」這個詞，其實就是由禽流感病毒所引起的疾病。禽流感病毒是一種會感染雞、鴨、候鳥等禽類的急性病毒性傳染病。感染了這種病毒的雞吃不下飼料，也生不了蛋，等到紅色的雞冠發紫時，病雞也隨之死亡。

禽流感病毒的感染途徑

可怕的禽流感病毒到底是如何傳播的呢？最典型的例子就是候鳥從一個國家遷徙到另一個國家時，滴落帶有病毒的排泄物傳播病毒。受到感染的禽類或雞肉有時會被裝載在飛機和輪船上運送過來。

❶-a. 被感染的候鳥在遷徙過程中滴落排泄物。

❶-b. 飛機或輪船載運受到感染的禽類或雞肉。

當穿越海洋而來的病毒在農舍的家禽中散播開來之後，就會通過水、排泄物、蛋殼，或是沾染在進出農舍的人衣服或鞋子上，傳播到全國各地。

驚人的傳播速度

禽流感病毒最可怕的地方，在於傳播速度非常快。只要有一隻家禽被感染，瞬間就會擴散。因此，一旦病毒出現，就必須將養殖場裡的所有家禽全數撲殺。在韓國，只要有農舍被病毒感染，方圓3公里以內其他農舍的所有家禽和蛋都得廢棄。對養殖戶的傷害雖然很大，但為了阻止進一步的擴散，也只好如此。

啊！不要呀！

❷ 病毒在農舍家禽之間擴散。

咦？我的身體怎麼怪怪的？

❸ 人類在農舍直接接觸家禽或水、排泄物、雞蛋，而受到病毒感染。

❹ 病毒一旦散播開來，大雞小雞全都會病倒。

低致病性和高致病性病毒

引發動物疾病的病毒根據致病程度，可以分為低致病性和高致
病性病毒。

禽流感病毒也分為兩種，高致病性禽流感病毒的危險性很高，
因此世界動物衛生組織（OIE）指定禽流感為應通報疾病，一旦出現
病毒，一定要向世界動物衛生組織報告。

人類也會得禽流感嗎？

如果食用患了禽流感的雞或被感染的雞蛋，人類也會得禽流感
嗎？幸好沒有那種可能。一旦出現病毒，相關農舍和附近方圓10公
里以內的其他農舍所生產的家禽和蛋都會受到澈底管制，消費者購
買到被感染的家禽或蛋的機率可以說幾乎是零。

想吃也沒什麼好怕的！禽流感病毒在攝氏75度左右的溫度下加熱5分鐘就會死亡，只要煮熟後食用就沒有任何問題，所以可以放心吃炸雞。但是養雞場、養鴨場、宰殺雞鴨的屠宰場等與禽類近距離工作的人就有被感染的可能，要多加小心。

禽流感的症狀有哪些？

　　禽流感會引起類似流行性感冒的症狀，像是高燒、咳嗽、呼吸困難，然後轉為肺炎。嚴重的話，甚至會死亡。禽流感的致死率高達60%，根據世界衛生組織（WHO）2017年的統計，2003年中國、香港、加拿大等地就有918人感染禽流感，其中360人死亡。韓國雖然沒有死亡案例出現，但感染病毒的農舍遍布全國，蒙受了莫大的損失。

讓豬群陷入恐慌的口蹄疫

每年一到冬天，新聞裡就會出現可怕的場景，成百上千頭牛和豬被宰殺掩埋。每到冬天這麼可怕的情況就會一再出現，都是因為口蹄疫這種疾病。

什麼是口蹄疫？

口蹄疫是一種傳染病，主要會發生在牛、羊、豬等有蹄類動物身上。

長這樣的
腳趾 →

口蹄疫的症狀有哪些？

染患口蹄疫的動物會因為體溫上升、舌頭和牙齦出現水泡而無法進食。蹄子和乳房上也會長水泡，導致皮膚潰爛，痛苦不堪，最後變得四肢無力，站都站不穩而病倒。染患口蹄疫的動物中，有5 ～ 55% 會死亡。

不要呀！

我也是

我……
不舒服～

搖搖
晃晃

小小的口蹄疫病毒

　　口蹄疫的罪魁禍首是口蹄疫病毒。口蹄疫病毒在病毒中算是粒子非常小，因此傳播的速度比其他病毒快得多，造成的危害也更大，只靠附著在空氣中飄浮的灰塵就能散播開來。不只可以在動物之間傳播，也可以附著在往來養殖場的人或出入車輛上擴散。

發生口蹄疫的時候該怎麼處理？

　　發生口蹄疫時，必須盡快採取行動，防止擴散。除了禁止接近發生口蹄疫的養殖場外，還要一一對經過該地區的車輛進行消毒。當務之急就是撲殺處理，將染病的動物全數撲殺後掩埋在地下。病毒傳播速度原本就很快，所以必須防止其他動物遭到感染。撲殺處理如果做得不夠全面，土地和水就有可能受到汙染，因此必須澈底執行。

人類也會被感染嗎？

發生口蹄疫的時候，牛或豬的價格就會暴跌。這是因為人們出於恐懼，不敢買來吃。其實根本不必擔心，口蹄疫病毒不會傳染給人類，而且只要加熱超過攝氏70度，就可以殺死病毒，所以沒有感染的風險。即使是患有口蹄疫的動物，只要煮熟了食用，就不會傳染給人類。

口蹄疫病毒有疫苗嗎？

目前還沒有針對口蹄疫病毒的特殊治療方法，只能定期實施消毒和預防接種，但還是無法阻擋傳染病的發生。不過人們一直在努力開發疫苗，希望通過接種讓動物得以治療，而無需撲殺掩埋。

 # 破壞人類免疫力的愛滋病

因好萊塢演員而聞名的疾病？

人們最害怕的代表性疾病之一，就是愛滋病。愛滋（AIDS）是「後天免疫缺乏症候群（Acquired Immunodeficiency Syndrome）」的英文簡稱。

愛滋病之所以引起世人的關注，是因為1985年美國傳奇演員洛克‧哈德森。曾經在好萊塢紅極一時的洛克‧哈德森，有一天以令人驚訝的瘦弱衰老模樣出現，公開自己的病名，那就是愛滋病。

當時人們對愛滋病還感到十分陌生，大部分都是第一次聽到這個病名。在不明原因，也沒有治療法的情況下，洛克‧哈德森不久之後就去世了。據說，人們因為他的死才對愛滋這種病產生了恐懼和警惕。

這個消息在當時很轟動。

我在經典電影裡看過他。

什麼是愛滋病？

　　愛滋病是隨著「人類免疫缺乏病毒（HIV）」侵入我們體內所引起的一種疾病。HIV會破壞我們體內負責免疫功能的T細胞。當T細胞受損時，面對細菌或病毒的入侵，就無法發揮力量。即使是一個小感冒也無法治癒，反而會惡化為肺炎。就像這樣，反覆罹患各種疾病或感染，最後導致死亡。

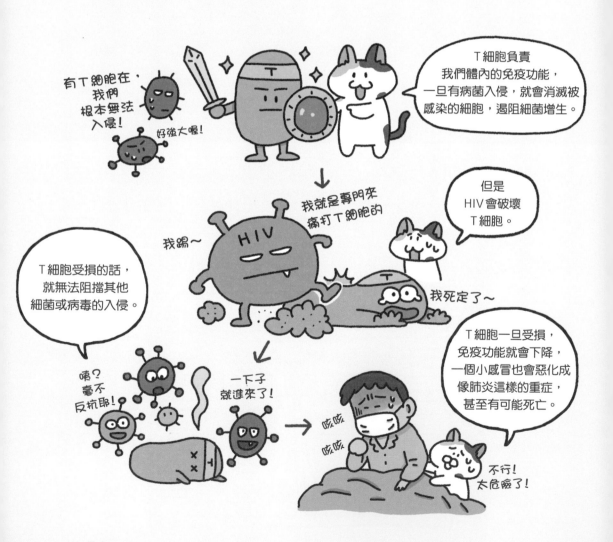

為什麼會出現愛滋病？

有醫學專家懷疑，HIV可能來自非洲的猴子。據推測，這種對猴子危害不大的病毒可能在進入人體後產生了變異。

雖然無法得知病毒是如何從猴子的身上傳染給人類，但有幾種假設。一是非洲有食用猴子的習俗，人們因此被病毒感染。1960～1970年代，隨著非洲農村居民遷移到城市居住，就開始有人染病，也許這就是為什麼愛滋病患者會大量分布在非洲的原因。起始於非洲的HIV逐漸向全世界蔓延，至今還是有感染者出現。

現代版黑死病──愛滋病

愛滋病是在1981年由美國醫生發現的，那時既不知道確切的病因，也不知道該如何治療。人們認為愛滋病就是一種「絕症」，一旦患上必死無疑，因此感到十分恐慌。而且，因為愛滋病和中世紀將歐洲人逼上絕路的黑死病很類似，所以也被稱為「現代版黑死病」。這麼說也沒有錯，因為愛滋病奪走了數千萬人的性命。起初人們以為只要接近感染者就會得病，所以對感染者進行了澈底的隔離，當時感染者所經歷的歧視和痛苦簡直無法用言語來形容。

什麼情況下會感染愛滋病？

愛滋病不會因為和患者一起吃飯、牽手或同處一室就被傳染。只有和愛滋病感染者有性行為，或輸血時接受了感染者的血液，或使用被感染的針頭、刮鬍刀等情況時，才會被感染。也就是說，只要做好澈底的管理，就可以完全防止感染情況發生。

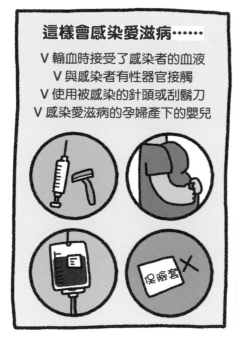

雖然還不夠完善，但現在已經開發出治療藥物，可以緩和愛滋病患者的症狀，延長患者壽命。希望愛滋病能早日洗刷「絕症」的惡名，成為可以被治癒的疾病。

由中東駱駝引發的MERS

MERS的首例患者

2015年夏天，韓國出現了一種前所未見的怪病，名稱是「中東呼吸症候群（Middle East Respiratory Syndrome）」，簡稱MERS。

當年5月，一名曾去過中東的男子出現高燒、咳嗽和呼吸困難等症狀住院治療，MERS才在韓國廣為人知。其實早在3年前，也就是2012年的時候，MERS就首次出現在沙烏地阿拉伯。

罪魁禍首就是中東呼吸症候冠狀病毒！

引發MERS的罪魁禍首，是中東呼吸症候群冠狀病毒（MERS-CoV）。寄居在蝙蝠體內的冠狀病毒經由生長在中東的單峰駱駝變異為中東呼吸症候群冠狀病毒。雖然目前還無法明白確認，但推測人類是被身上帶有病毒的駱駝傳染的。因為在單峰駱駝上發現的病毒，和從死去的MERS病患身上找到的病毒相符。而且大部分MERS病患都是居住或是去過中東地區的人，又或者是和他們有過接觸的人。韓國的首例病患也是從中東回來之後才發病的。

單峰駱駝

MERS 是如何傳播的？

　　中東呼吸症候群冠狀病毒是在人與人近距離交談時，藉由唾液飛沫傳播的。因此，來探望病患的人，或與病患住在相鄰病房的其他患者，以及治療病人的醫護人員，就成了主要感染對象。韓國在發現首例患者之後，也因為對這種疾病一無所知而感到驚慌失措，結果就出現了大量感染者。

　　病患人數從最早的一個人逐漸快速增加，韓國政府不得不下令關閉學校，在一定期間內停止上班上學。到2015年12月23日MERS疫情結束之前，經過了約8個月的期間，有186人被感染，其中38人死亡。

　　目前還沒有可以預防MERS的疫苗或治療方法，因此遵守用肥皂勤洗手、打噴嚏時用紙巾掩住口鼻等預防措施就十分重要。

 # 顛覆我們日常生活的新冠肺炎

從武漢擴散開來的傳染病

2019年12月，中國湖北省武漢市出現了不明原因的肺炎患者，緊接著又有相同症狀的患者集體出現，不久後甚至出現死亡病例。

事態變得十分嚴重，首例病患出現後，才兩個月的時間中國境內的死亡人數就超過800人，比2003年全球因SARS死亡的774人還要多。後來，感染者跨越東亞地區，迅速擴散到全世界。

新型冠狀病毒的出現

在人們憂心忡忡之際，這種疾病的病原體被揭曉了，那就是新型冠狀病毒！是引發SARS和MERS的冠狀病毒嗎？沒錯，就是變種的新型冠狀病毒。

到目前為止，已發現感染人類的冠狀病毒共有6種。其中4種只會引起我們普通感冒，另外2種則引發了SARS和MERS。

現在，隨著我的加入，有了第7種感染人類的冠狀病毒～

天吶…

宣告疫情最高風險等級，全球大流行！

　　因為這史無前例的事態，世界衛生組織（WHO）於2020年1月30日宣布新冠疫情為「國際公共衛生緊急事件」。同年3月11日又宣布了全球大流行（pandemic），這是疫情預警級別中風險最高的等級。這次的全球大流行是繼1968年香港流感和2009年H1N1流感之後宣布的第三次大流行，足見全球疫情的嚴重性。

正式名稱是「COVID-19」

　　這個新型病毒被命名為「COVID-19」，在此之前，因為這種傳染病最早出現在中國武漢，所以一直被稱為「武漢肺炎」或「武漢病毒」。

　　但是世界衛生組織認為，如果在病名中出現地區或國家的名稱，可能會造成人們對該地區或國家產生偏見，因此更換了名稱。

　　在台灣則由疾管署將正式名稱定為「嚴重特殊傳染性肺炎」或「COVID-19」。

新冠病毒的感染途徑

　　新冠肺炎就像SARS和MERS一樣，是動物體內的病毒傳染給人類之後引發的傳染病。根據專家推測，在中國武漢一處水產市場交易野生動物時，蝙蝠和穿山甲體內的病毒變異成新冠病毒。最有可能的假設是，這種病毒通過動物傳染給人類，並在人與人之間傳播。除此之外還有很多假設，但原因還在調查中。

人與人之間是如何傳播的？

　　新冠病毒是如何在人與人之間傳播的呢？主要藉由唾液的飛沫傳播。打噴嚏或咳嗽時，混有病毒的唾液或體液會散播到空氣中，進入對方的呼吸器官。唾液中的病毒可以飛行2公尺以上，在空氣中存活3、4個小時。另外，落在門把上或各種物品上的病毒可以存活好幾天，所以如果不及時洗手的話，就很容易感染。

新冠肺炎的症狀

感染新冠肺炎時，病毒會進入人體肺部，引起類似肺炎的症狀，出現高燒、肌肉疼痛、乾咳、咽喉痛、呼吸困難等症狀，嚴重時還可能因為呼吸衰竭而死亡。身體虛弱的老年人及平時患有高血壓、糖尿病等慢性疾病的患者，因為免疫力低下，如果感染新冠肺炎可能會很危險。事實上，新冠肺炎確診者中，超過80歲的老年人死亡率很高。

史上最強大的傳播速度

新冠肺炎與過去出現的傳染病層次完全不同，傳播速度和擴散範圍之大可說達到史無前例的地步。

新冠肺炎發生1年2個月時，全世界確診者人數便超過了1億。後來還從「Delta」到「Omicron」，持續出現各種不同的新冠病毒變異株，擴散的幅度也更大。到2021年8月4日為止，全世界確診者累積超過2億人，死亡人數超過440萬，殃及200個以上的國家。

讓韓國也深受其害的新冠肺炎

2020年1月一名到訪韓國的中國人被判定確診新冠肺炎，成為韓國首例感染者，隨後染疫者人數也快速增加。雖然韓國實施了及時的隔離和預防政策，感染率低於其他國家，但截至2021年8月為止，累計確診病例超過24萬人，死亡人數也遠遠超過2000人。

新冠肺炎改變了全世界

在新冠肺炎無情地肆虐下，各國紛紛關閉機場，禁止外籍人士入境。因此世界級的體育賽事和國際活動被無限期延後或取消。原計劃在2020年舉行的東京奧運也延後一年，直到2021年7月才舉行，更別說世界經濟已經陷入了困境。

社交距離和居家隔離

保持社交距離

因為新冠肺炎，我們的日常生活發生了天翻地覆的變化。外出時戴口罩已成為理所當然的事情，無論到哪個場所，都必須在入口處量體溫、消毒雙手。

不僅如此，人與人見面必須保持一定的距離，也就是所謂的「社交距離」，以減少人與人之間的接觸。學生不去學校上課，而是在家裡接受線上遠距教學。即使進行實體教學，也可能必須按照年級和班級分別到校上課。大人們也不再去公司辦公室上班，居家工作的情況愈來愈多。聚眾舉行的宗教儀式大幅取消，參加婚禮和葬禮的人員也受到了限制。

另外，即使本身沒有感染新冠肺炎，只要和感染者有過接觸，根據規定也可能必須在一定期間待在獨立空間進行個人「居家隔離」。

居家隔離中的智恩

我們還能回到以前的生活嗎?

以前從來沒想到會發生的事情,現在竟然都被認為是理所當然。每天都有大量確診者出現,只會讓人感到絕望。於是人們不禁想問「我們還有可能回到新冠肺炎出現之前的生活嗎?」很多人都認為,我們不可能再回到過去的生活了。

治療新冠肺炎的疫苗在哪裡?

自從新冠肺炎爆發之後,人們一直苦苦等待疫苗的出現。畢竟再怎麼小心翼翼做好預防措施,防止病毒的擴散,也沒有像疫苗一樣能有效消滅病毒。當然,世界各地的許多製藥廠為了開發疫苗或治療藥物,都在積極進行研究。然而,不管是疫苗,還是治療藥物,都必須經過嚴格檢驗,保證其安全性和有效性才能使用,所以需要花費很長的時間。尤其是新冠病毒是一種快速繁殖且不斷變異的病毒,更讓開發工作增加了許多困難。

終於慢慢看到曙光！

　　幸好在2020年底傳來了好消息，不少國家紛紛開發了疫苗，展現出預防效果。以韓國為例，從2021年2月以醫療院所工作人員為首波對象開始接種疫苗。到2021年12月為止，韓國已經有80%以上的成年人完成兩次預防接種。不過，新冠病毒是一種持續變異的可怕病毒，所以無法百分之百地保證疫苗的預防效果。但是專家認為，疫苗能有效地預防重症和死亡的風險。

絕對不能向新冠病毒認輸！

　　人類和新冠病毒的戰爭還沒有結束，但總有一天有希望打敗新冠病毒，回到過去正常的生活。只要全世界齊心協力共同克服新冠肺炎這史無前例的困難，我們一定會變得比過去更堅強。

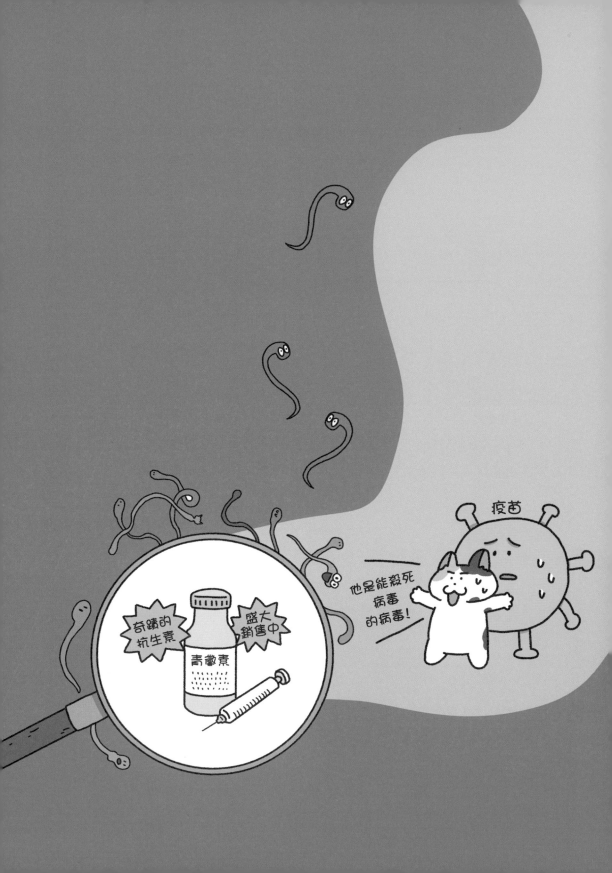

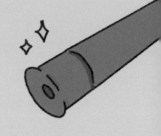

第 5 章

殺死病毒的疫苗！

病毒在地球上已經生存了數十億年，但人們知道病毒存在的時間卻沒多久。在消滅病毒的疫苗出現之前，每次病毒來襲，都只能被無差別地攻擊。那麼，疫苗究竟是由什麼人、如何研發出來，保護了我們免受病毒之害的呢？

最早的殺菌抗生素：青黴素

　　我們周圍到處都有細菌，無論打掃得多麼澈底、手洗得多麼乾淨，都不能完全消滅細菌。現在如果被細菌感染，只要去醫院接受治療或者吃藥，很容易就能痊癒。但至少在一百年前，如果被細菌感染的話，卻一點辦法都沒有。雖然令人難以相信，但當時就有可能因為小小一個被釘子劃傷或被尖刺刺傷的傷口，而失去了生命。如果染上霍亂或罹患了肺炎等疾病的話，就等於被宣告了死刑，也有很多人在手術過程中受到感染而死亡。因為沒有治療的方法，只能無奈地等待死亡的到來。

弗萊明發現了人類最早的一種抗生素

　　1928年的某一天，英國的細菌學家亞歷山大・弗萊明有了奇蹟般的發現。過去人們一直認為細菌是絕對無法被消滅的，但弗萊明找到了殺死細菌的方法。

　　當時正準備去度假的弗萊明將一份細菌標本放入培養皿中進行細菌培養實驗，卻沒注意到自己不小心掀開了一個葡萄球菌培養皿的蓋子就離開了。當他度假回來一看，發現培養皿裡竟然長滿了掃帚狀的青黴。

　　通常看到發黴就會扔掉培養皿重新做實驗，但那天不知道為什麼有點奇怪，原來是青黴周圍的細菌全都死了。

青黴素帶來的改變

弗萊明在經過無數次實驗之後，才終於成功地找到了可以殺死細菌或抑制細菌繁殖的物質。他把這種物質命名為「青黴素（Penicillin）」，研製出人類最早的抗生素。

之後青黴素作為藥物被大量生產，用來治療許多傷口受到感染或罹患傳染病的患者。原本接受大型手術的病患存活率只有30%，但隨著青黴素的出現，病患存活率提高到80%。在第二次世界大戰期間，挽救了無數傷兵的就是青黴素，因此青黴素甚至被稱為奇蹟之藥。

以青黴素為始的抗生素，到今天也還在持續開發中。因為細菌如果習慣了抗生素，藥效就會降低，我們就稱這種情況是「產生了抗藥性」，還有因為細菌突然出現變異不再對藥物產生反應，或者根據疾病的情況需要使用不同的抗生素。因此我們不斷開發各種不同種類的抗生素，適當地使用在各種不同的疾病和病患的症狀上。

抗生素無法治療病毒

　　青黴素拯救了無數因傳染病或傷口受到感染而生命垂危的病患，被譽為是拯救人類的最佳抗生素。

　　但在這裡要弄清楚一件事，抗生素雖然是挽救無數生命的良藥，卻不是包治百病的靈丹妙藥！不管是細菌還是病毒，不見得所有的傳染病都能治癒。

　　抗生素是一種抑制細菌的藥物，所以無法治療被病毒感染的疾病。針對病毒，應該用疫苗來預防，或者用抗病毒藥物來治療。

殺死病毒的病毒：疫苗

　　隨著病毒引發的傳染病愈來愈多，我們不是會經常聽到「疫苗」這個詞嗎？聽多了，相信你也知道什麼是疫苗了吧？

　　總而言之，疫苗就是「殺死病毒的病毒」。這是什麼意思？怎麼會說疫苗是病毒呢？又怎麼會把引發疾病的可惡病毒當成藥物來使用呢？

保護我們身體的免疫系統

　　想知道疫苗的原理，首先要瞭解身體的免疫系統。當受到病原菌或病毒的攻擊時，身體具有的抵抗能力，稱為「免疫力」，這是指當我們的身體受到外來異物，也就是「抗原」入侵時，為了保護自己所採取的防禦行為。人體為了發揮免疫力所運作的系統，就稱為「免疫系統」。免疫系統是免疫細胞的集合體，當抗原入侵時，就會向身體發出信號，動員各種方法來對付抗原。

先天免疫系統的作用

我們一生下來就具有免疫系統，這種先天性的免疫系統在各種情況下時刻保護我們的身體。

皮膚受傷之後不是會結痂嗎？
這是為了在製造新的皮膚細胞過程中，
防止有害病菌的滲透。

不小心吸入花粉的話，
鼻子黏膜上的免疫細胞為了
將異物排出體外，就會打噴嚏。

灰塵落進眼睛裡，不是會流眼淚嗎？
這是為了保護眼睛不受異物傷害，
用眼淚沖走灰塵。

感冒時會流鼻涕和咳嗽，
這是為了把感冒病毒
趕出體外。

消滅病毒的後天免疫系統

　　當新型細菌或病毒等抗原侵入我們的身體時，人體也會透過後天的「經驗」建立免疫系統，重新製造名為「抗體」的武器，以應付首次來襲的抗原。而且還會記錄抗原的資訊，以後如果又碰上同樣的抗原入侵，就能輕鬆消滅。

1 一種從未見過的陌生病毒
突然侵襲我們的身體！

2 體內的免疫細胞，典型的情況就是
白血球和吞噬細胞收到信號後出現。

3 最重要的免疫細胞白血球
正在努力迎戰病毒。

4 但是因為艱苦作戰，最後只有
一部分白血球存活下來。

曾經來襲過的病毒再次發起攻擊時，很容易就會被擊退，我們通常會說這種情況是「身體產生了免疫力」。得過一次麻疹或天花的人就不會再得第二次，這是因為身體產生了免疫力。身體的免疫系統還記得如何擊退引發疾病的病毒，所以即使感染了相同的病毒也不用擔心。

出自免疫系統原理的疫苗

　　疫苗就是利用免疫系統原理，在我們的體內注入毒性較弱的病毒抗原體，人為地製造免疫系統。疫苗中含有弱到不足以引發疾病的病毒，只要接種疫苗，免疫細胞很快就能抵抗病毒，並且記住是哪種病毒。這樣一來，即使以後有同種類的強大病毒入侵，也能輕鬆打敗。

　　我們從小打的預防針就是在接種疫苗。打預防針是為了防範病毒的攻擊，所以不要因為怕打針就嚇得跑走！

最初的預防接種，
愛德華・詹納的種痘法

　　那麼，能殺死病毒的病毒——疫苗是由誰、如何開發出來的呢？

　　1796年，英國有一位名叫愛德華・詹納的醫生，當時天花肆虐英國，天花也被稱為痘瘡，是一種急性傳染病，也是導致阿茲特克帝國滅亡的可怕疾病。

聽說牛痘可以控制天花？

　　愛德華・詹納住居住的村子裡也有許多天花患者，但卻沒有能夠有效治療的方法，這時出現了一個傳聞引起他的注意。

　　「聽說牧場裡擠牛奶的工人不會得天花？」

　　「聽說被牛身上的牛痘感染，不會病得很嚴重，一下子就好了。而且還說，患過牛痘的人不會染上天花。」

　　牛痘是一種長在牛隻乳頭上的膿包，聽說給乳牛擠奶的工人不會得天花，就算感染了牛痘症狀也很輕微，一下子就痊癒。

愛德華‧詹納的實驗

仔細回想人們說的話，愛德華‧詹納突然用手拍了一下膝蓋。

「沒錯！只要注射少量的牛痘膿液，就不會感染天花。」

1796年5月14日，詹納從患了牛痘的女傭手掌上的膿瘡裡，小心翼翼地抽出膿液。然後把膿液注射到女傭八歲的兒子身上。小男孩雖然感染了牛痘，但很快就痊癒了。

從那之後過了六個禮拜的時間，愛德華‧詹納再次讓男孩坐在自己面前，拿起了針筒。這次他把從天花患者傷口中抽出的膿液放進針筒裡，再將這讓人們深感恐懼的天花膿液注射到男孩身上。

包括詹納在內的許多人都以忐忑不安的心情看著男孩，擔心輕微得過牛痘的男孩會染上天花。

史上首次出現的預防接種，種痘法

　　幸好男孩沒有染上天花，因為六個禮拜前接種過的牛痘病毒，在男孩的體內產生了免疫力，戰勝了天花病毒。為了預防天花而接種疫苗的方法，被稱為「種痘法」，而愛德華・詹納的種痘法，就成了歷史上首次出現的預防接種。

　　我們不是把打預防針叫做接種疫苗嗎？疫苗的英文「vaccine」源自拉丁語「vacca」，意思是「牛」。因為起到疫苗作用防止男孩感染天花的牛痘病毒，就來自於牛身上。

　　自從愛德華・詹納發明疫苗之後，又有許多疫苗被開發出來，可以預防目前各種疾病。

在韓國推廣種痘法的池錫永

　　天花在韓國也是一個令人恐懼的存在，古時候朝鮮時代為了討好天花，甚至將天花奉為上賓，並且在名稱後面加上對王室成員才用的尊稱「媽媽」。

　　當時也有許多治療天花的韓醫學處方，朝鮮後期實學家丁若鏞所寫的醫學典籍《麻科會通》裡就記載了預防和治療天花的方法。雖然取得了一定的成果，但還不足以完全消滅天花，仍然有許多人死於天花。

朝鮮時代引進種痘法的池錫永

　　韓國在消滅天花上起到最大作用的人，是朝鮮時代末期的啟蒙思想家兼學者的池錫永。

　　生於1855年的池錫永對西方文化十分有興趣，讀了很多漢譯的西方醫學書。他在讀了有關西方牛痘接種法的《種痘龜鑑》之後，便產生了疑問。

　　「從得了牛痘的牛身上抽取膿液，接種在人身上？那真能防止人們患上天花嗎？」

韓國最早的天花預防接種

池錫永聽說位於釜山的濟生醫院（韓國最早的現代化醫院）院長知道種痘法，馬上前往那家醫院，在那裡待了兩個月的時間學習種痘法，並且得到了痘苗和接種器具。痘苗是從牛身上抽取的免疫物質，也就是預防天花的疫苗原料。

1879年12月，池錫永返回首爾途中順道去了一趟位於忠州的岳父家，然後就給兩歲的小舅子和四十多位村民種痘（接種牛痘），這就是韓國最早的天花預防接種。

努力全面推廣種痘法

第二年，池錫永跟著出使日本的使行團前往日本，在日本學習了製造痘苗的方法之後，回到朝鮮開始全面推廣天花的預防接種。

在這過程中，池錫永經歷了千辛萬苦，還曾經因為向日本醫師學習種痘法這件事情而遭到逮捕。但是，池錫永依然帶頭普及種痘，拯救了無數人的生命。他還綜合此前所累積的知識和經驗，撰寫了韓國最早有關牛痘法的書籍，名為《牛痘新說》，還將種痘法傳授給醫生們。

 # 疫苗研發依然困難重重！

　　每次快忘記的時候，病毒又會跑出來讓我們手忙腳亂！

　　「區區病毒，只要有疫苗就沒事！」雖然很想充滿自信地這麼說……。事實上，每次出現新型病毒時，相應疫苗的研發就不是一件簡單的事情。

　　不管是1990年代讓全世界陷入恐慌的愛滋病，還是2003年的SARS病毒、橫掃2015年的MERS病毒，至今都還沒能研發出疫苗來。雖然令人難以置信，但我們每年接種的流感疫苗，也是到了1940年代才首度研製出來，足足花了七十多年的歲月才有了像現在的效果。

疫苗研發為什麼很困難？

　　疫苗不是病毒治療劑，而是預防感染病毒的藥物，所以不能用在病患身上，而是要接種在健康的人身上，以免染病。因此最重要的就是安全性，絕對不能讓任何一個人出現危險的副作用，只能小心再小心。

我會盯著你！

疫苗

疫苗的製造過程

生產疫苗需要經過十分複雜的程序，首先要在眾多候選物質中，尋找能在人體中產生抗體的物質。然後進行動物實驗，接著才以人類為對象進行好幾個階段的臨床實驗，測試是否有副作用。這還不算結束，經過臨床實驗的疫苗經過判定能夠安全作為醫藥品使用後，還要獲得許可，才能正式進行銷售和接種。

因為要經過如此複雜的程序，所以到實際完成疫苗，對群眾進行接種為止，平均需要五到十年的時間。辛辛苦苦研製出來的疫苗，一旦病毒變異，疫苗也會跟著失效。

儘管如此，為了戰勝不斷出現的新型傳染病，世界各地有無數的人都在努力研發疫苗。相信總有一天我們會征服病毒，完全戰勝新冠肺炎。

第6章

擺脫病毒威脅的方法！

人類至今藉由疫苗開發和預防接種，用自己的方式應對病毒長期以來的攻擊。但光靠這些還不夠，除了生活上可以實踐的方法之外，還需要有從根本上預防病毒出現的對策。為了擺脫病毒的威脅，有哪些事情是我們可以做到的？

病毒如何肆虐全世界？

　　病毒引起的疾病真的很多，像是流感、狂犬病、流行性出血熱、日本腦炎、愛滋病、天花、SARS、伊波拉、MERS、新冠肺炎……等，不勝枚舉。

　　病毒引發了無數光聽名字就讓人不寒而慄的疾病，這個小到看不見、摸不著的傢伙，究竟是如何感染了那麼多生命體的呢？明明無法自行移動的傢伙，又是利用什麼方法走遍全世界呢？

病毒的傳播途徑

　　病毒雖然無法自行移動，但它們可以透過被病毒感染的生命體，輕易地散播到世界各地。

病毒的傳播途徑無窮無盡，像是接觸了感染病毒的動物或人的體液、分泌物、排泄物、血液，或是用沾到咳嗽時噴出的口沫或鼻水的手握手、吃了被病毒感染的人沒有洗手就調理的食物等，甚至連呼吸都有可能感染病毒。藉由飄浮在空氣中的飛沫，病毒就會直接進入呼吸器官。

病毒之所以能散播全世界，主要依靠的就是運輸工具的發達。被病毒感染的生命體或沾染病毒的物品通過飛機或船舶，往來海洋和大陸之間，才造成病毒快速傳播。可以說，這算是為原本傳播力就很厲害的病毒裝上了翅膀吧？

# 長期預防病毒攻擊的方法

　　如果出現了新型病毒，卻沒有疫苗和治療藥物，那該怎麼辦呢？難道只能束手無策，任由病毒攻擊而毫無招架的餘地嗎？

　　專家們一致認為，比起化學研製的疫苗，我們更需要從根本上防止病毒擴散的預防方法。例如，透過每個人身體力行的「行為疫苗」，以及整個社會保護生態、守護地球的「生態疫苗」。

靠身體力行來預防的行為疫苗

　　首先，社會上的每一個成員都必須共同遵守，這點很重要。像是儘量減少集體活動或聚會，外出時佩戴口罩，儘量不要用手觸摸口鼻眼睛，最好養成勤洗手的習慣。

　　建議公司或學校採取居家辦公或線上遠距教學；人與人之間保持社交距離，讓病毒無法擴散。像這樣人們靠身體力行來預防的方式，最近被稱為「行為疫苗」。

從根本上預防傳染病的生態疫苗

想阻止病毒擴散，需要更根本的解決之道。為了防止病毒從大自然傳染給人類，就必須保護自然生態系統。過去將病毒傳染給人類的媒介，是蝙蝠、麝香貓等野生動物。只有保護生態，讓野生動物能在自己的棲息地生活，才能防止病毒擴散。

另外，也有必要考慮為病毒擴散製造了良好環境的畜牧養殖場。在狹窄的空間裡大量飼養豬、雞之類的家畜，只會加快病毒的傳播速度。像這樣保護自然生態界的同時，從根本上斷絕病毒擴散環境的預防方法，稱為「生態疫苗」。

隨著時間的過去，近來出現的病毒愈來愈強大，行為疫苗和生態疫苗難道不是我們不可或缺的疫苗嗎？那麼以下就讓我們從培養身體免疫力開始，到守護地球健康的根本預防對策，逐一探討對抗病毒的方法吧！

培養身體的免疫力

看看我們的身邊，總是有人會反覆感冒，大家會說那種人免疫力很差。相反地，當流感橫行，大家都變得病懨懨的時候，但還是有人活蹦亂跳，大家就會說這種人免疫力很強。

免疫力強的人無論出現多麼強大的病毒都不怕，所以在病毒出沒的世界裡，保護自己的最好方法就是提高身體的免疫力。接下來將介紹幾種提高免疫力的方法，希望大家都能好好做到。平時只要多多培養免疫力，就能輕易擊退細菌和病毒的攻擊。

提高免疫力的五種方法

那麼，有什麼方法可以提高免疫力呢？難道得去醫院打針嗎？還是得吃保健品？這些方法當然也有效果，但是在日常生活中只要多努力一點，提高免疫力就不會是件難事。

我開動囉～

第一，吃得健康

必須均衡地攝取營養充足的食品，尤其像雜糧飯、菇類、各種蔬菜，或泡菜、豆醬之類的發酵食品，對身體都有好處。

第二，規律運動

比起激烈運動，最好還是每天保持規律和適當的運動。運動可以讓肌肉產生調節免疫力的物質。

第三，規律而充足的睡眠

在我們睡覺的時候，免疫細胞的功能會變得活躍。如果晚上熬夜或日夜顛倒，睡眠時間不足的話，就會打亂身體節奏，累積疲勞，因此最好要有規律的熟睡時間。

第四，減少壓力

最好不要累積壓力。那麼該怎麼做呢？雖然不容易，但可以來幾次深呼吸，想一些愉快的事情，這會讓心情變得比較輕鬆。

第五，保持乾淨

保持身體和四周環境的乾淨，從一開始就不要形成病毒可以棲息的環境。但是，過度乾淨反而會使免疫力下降。如果一直處在過度乾淨的環境裡，就可能沒有機會製造對抗細菌或病毒的抗體。

 # 戰勝病毒從生活習慣做起

你聽說過習慣的力量嗎？反覆做一個小動作，久而久之就成了習慣，而這個習慣卻有可能帶來難以想像的結果。

最近因為非常強大的病毒肆虐全世界，成為人人恐懼的對象。但是，再怎麼可怕的病毒，靠著日常生活裡的一個小習慣，就能避免受到感染。

預防傳染病最好的習慣！勤洗手

在我們的身體中，最常使用到的就是手，但在用手拿東西或觸摸物品的所有過程中，都有很高的機率會接觸到細菌或病毒。據說，比起被飄浮在空氣中的病毒感染的情況，經由手部感染的機率更高。因此，把手洗乾淨以免病毒入侵人體是非常重要的。聽說只要勤洗手就能預防60%的傳染性疾病，所以還有比這更好的預防方法嗎？

正確的洗手法

不管去了哪裡，回到家就一定要先洗手！

何時該洗手？

　　那麼，何時該洗手呢？上完廁所、搭乘大眾運輸工具時握了公車或捷運上的握把、在網咖使用了公用電腦的鍵盤和滑鼠、在公園碰觸了遊樂設施等，有上述這些情況都必須洗手。應該說，只要有外出，一回家就要馬上洗手。

該怎麼洗手？

　　隨隨便便用水沖兩下是沒用的，必須「確實地」洗手才行。先用水打濕手掌和手腕，然後將肥皂搓出泡沫，仔細搓揉手掌、手背、手指間隙、指甲縫，至少20秒以上，再沖洗乾淨。最後用毛巾仔細擦乾手，不要留下任何水漬。如果手沒擦乾，細菌或病毒就有可能再次繁殖。

沒想到洗手那麼麻煩吧？但養成習慣以後，不洗手反而難受。

仔細搓揉手掌、手背、手指間隙、指甲縫，至少20秒以上，再沖洗乾淨。

搓搓洗洗～

用毛巾吸掉水分，擦乾手。

啪啪

 # 打敗病毒的生活習慣○Ｘ！

遵守咳嗽禮儀

另一種擊退病毒的生活習慣，就是遵守咳嗽禮儀，小心不要讓咳嗽時分泌出來的痰液沾染到其他人。咳嗽、打噴嚏的時候，要用面紙或手帕摀住嘴，如果真的來不及，就用袖子遮住嘴。因為對著手心咳嗽的話，那隻手如果又去碰觸物品，就有可能把病毒傳給其他人。

用袖子遮住

用手摀住

飲食要經過加熱

食物最好煮熟了再吃，水也是儘量煮沸了再喝。病毒不耐高溫，只要加熱到攝氏 60 ～ 80 度就無法生存。

煮熟的食物、煮過的水

生魚片、半熟的肉等生食

一定要佩戴口罩！

　　當感冒或新型流感之類的呼吸系統病毒流行的時候，就算感到悶熱，也一定要佩戴口罩。戴上口罩之後，要儘量小心不要用手觸摸口罩表面，用過的口罩最好不要重複使用。即使戴上口罩，也儘量不要去人多的地方。

口罩連鼻子都遮住　　　　　口罩只遮住嘴

居家隔離和社交距離

　　如果不幸被感染，就必須更加小心以免傳染給別人。所以儘量不要外出，待在家裡直到症狀消失為止。在家裡要和家人分開，單獨住在一個房間裡，吃飯也要單獨吃，這樣才安全。另外，當病毒快速傳播的時候，就一定要保持社交距離。聚會時人數不可以超過2人以上，最好避免到人多的場所或參加聚會。

保持社交距離　　　　　　鬧哄哄的聚會

勇敢接種疫苗，不要怕！

從我們出生起就一直相伴的預防接種！

　　或許因為當時還是嬰兒不記得了，但每個人一生下來就要接種疫苗。剛出生的嬰兒如果突然遇到細菌或病毒等陌生的病原體進入體內，是一點抵抗力都沒有的。所以必須事先接受預防接種，以人為的方式培養免疫力。

　　嬰兒一生下來，首先要接種B型肝炎疫苗。出生後第一個月，要接種結核疫苗，第二個月則接種白喉、破傷風、百日咳疫苗。之

> 這是衛生福利部疾病管制署公告的現行兒童預防接種時程表！

> 這麼多種疫苗全部都要接種嗎？

驚！

> 我…
> 我不想接種啊～

傳染病	總次數	出生	1個月	2個月	4個月	5個月	6個月	12個月	15個月	18個月	21個月	24個月	27個月	滿5歲至入國小前	國小學童
B型肝炎	3	1	2				3								
白喉破傷風等	4			1	2		3			4					
肺炎鏈球菌	3			1	2			3							
麻疹腮腺炎等	2							1						2	
水痘	1							1							
流感							初次接種二劑，之後每年一劑								

＊以上內容為節錄，完整請參考：https://www.cdc.gov.tw/File/Get/83fnbb9olRBWMBL_AR6Jkw

（108.05版）

後一直到上小學之前為止，還要接種肺炎鏈球菌、麻疹、德國麻疹、日本腦炎等各種疫苗。

可惜就算上了小學，差不多都快忘了預防接種這回事的時候，又得重新打預防針。雖然有些疫苗終身只要接種1次就可以，但到身體確實產生免疫力為止，大多數疫苗通常都要接種最少2次，最多4次。

那麼，這麼多的預防針全數打完之後，是不是就不會再生病了呢？如果真能如此當然最好，可惜每個人體質不同，生活的環境也不一樣，所以接種效果也不可能完全相同。由於不斷有新的病毒出現，所以不可能研製出針對所有疾病的疫苗。然而我們之所以必須打預防針，是因為比起不打，打了之後能預防更多的疾病。

那就閉上眼睛，勇敢地打預防針吧。針頭刺進去的瞬間，只要忍耐一下疼痛，就可以免除無數疾病的痛苦。

最根本的預防措施就是保護自然生態系統

 以上，我們探討了防止病毒感染的預防方法。只要能遵守以上所說的，感染病毒的機率一定會降低。可惜的是，這不是根本的解決之道。如果想遠離病毒的傷害，首先就不能讓有高傳染性的病毒出現。

病毒自地球誕生、微生物出現以來就一直和我們共存共生。當我們快忘掉有病毒存在時，病毒又會引發傳染病，造成全世界人的恐慌。不過人類已經透過自行研究解開病毒之謎，也找到了克服病毒的方法。

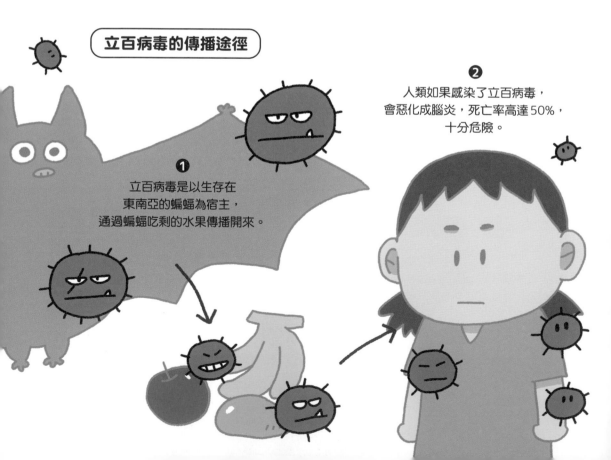

立百病毒的傳播途徑

❶ 立百病毒是以生存在東南亞的蝙蝠為宿主，通過蝙蝠吃剩的水果傳播開來。

❷ 人類如果感染了立百病毒，會惡化成腦炎，死亡率高達50%，十分危險。

但近來情況發生了很大的變化，頻頻出現威脅人類性命的傳染病，而且在找到治療方法前只能束手無策的情形愈來愈多。到底為什麼會發生這種事情呢？

　　專家們認為，是因為人類破壞了自然生態才會發生這樣的事情。以下是立百病毒的例子，致命的立百病毒會擴散不是蝙蝠的錯，而是人類的錯。因為人們盲目地破壞野生動物的棲息地，失去家園的動物在尋找新的棲息地過程中，病毒才擴散到了人類身上。

　　如果繼續以這種方式破壞大自然的話，病毒一旦傳染給人類，就有很大的可能會變異成更致命的傳染病。因此，保護自然生態系統，就是免於病毒災難的根本解決之道。

❸ 因為人類破壞了蝙蝠棲息地，立百病毒才會傳染給人類。

❹ 突然之間失去棲息地的蝙蝠，只好到處尋找居處，於是就在養豬場飛來飛去。

❺ 這時，不只是豬隻，就連養豬場工人也被感染，病毒快速地散播開來。

病毒想對人類說的話

舒服～

你好，我是病毒。

最近因為我們，地球變得鬧哄哄的吧？竟然說我們威脅人類，說我們讓全世界陷入無秩序和混亂當中……。我知道人們怨聲載道，充滿了憤怒。

可是啊，我們也有很多話要說！我們不會為了要欺負或傷害人類，而故意讓人類感染病毒。因為我們沒有他人的幫助也無法存活，所以我們只是為了生存，才四處尋找細胞的。自從地球誕生，出現了微生物之後，我們一直都是如此。在漫長的歲月裡，也沒有遇到過什麼問題。

但是近來隨著新型病毒的出現，迅速蔓延全世界，讓整個世界的人都陷入了混亂當中。好吧，既然都說到這裡了，我就說個明白吧！坦白講，我覺得人類才應該負最大的責任。

地球上的人口逐漸增加，因為人們紛紛湧向城市，使得城市擁擠到像是快要爆炸。在這樣的環境，病毒一旦擴散，就會變得難以掌控。人們吃的大部分肉類幾乎都來自於養殖場，就是把牛、豬、雞、鴨等家畜、家禽集中在狹窄的空間裡飼養。這是為了降低生產費用，以低廉的價格供應人們肉品。結果造成環境髒亂，家畜只能

吃飼料無法自由活動，從出生到死，沒見過陽光，沒踩過土地，免疫力必然下降，一旦感染到病毒，就會變得一發不可收拾。

人類為了開發而大肆破壞叢林和森林也是一個很大的問題。生活在那裡的動植物、微生物無處可逃，只好潛入人類的世界。病毒為了生存而尋找宿主時，自然就會感染人類。

不僅如此，人們盜獵野生動物出售，市場上出現的各種野生動物在骯髒的環境下被關在一起，病毒也跟著混雜在一起，於是就誕生了新型病毒。隨著交通工具的日新月異，新型病毒以光速在自由移動的人群之間擴散開來。

聽了我的話有什麼感想？你不覺得病毒的擴散和變強都是人類造成的嗎？

只要這個地球存在，有生命體活著，我們病毒就不會消失。所以，是不是應該尋找人和病毒和睦相處的方法呢？希望你們能集思廣益，不要讓病毒成為人類大敵。

希望和人類和睦相處的病毒 敬上

國家圖書館出版品預行編目（CIP）資料

會生病都是它害的?!喵博士的病毒解密探險/藝英著；李真我繪；游
芯歆譯. -- 初版. -- 臺北市：臺灣東販股份有限公司, 2022.09
124 面 ; 17×23 公分
譯自：냥 박사와 바이러스 탐험대
ISBN 978-626-329-414-1（平裝）

1.CST: 濾過性病毒 2.CST: 通俗作品

369.74　　　　　　　　　　　　　　　　111011993

會生病都是它害的?!
喵博士的病毒解密探險

2022 年 9 月 1 日初版第一刷發行

作　　　者	藝英
繪　　　者	李真我
監　　　修	申寅澈
譯　　　者	游芯歆
編　　　輯	曾羽辰
美術編輯	黃瀞瑢
發 行 人	南部裕
發 行 所	台灣東販股份有限公司
	＜地址＞台北市南京東路 4 段 130 號 2F-1
	＜電話＞(02)2577-8878
	＜傳真＞(02)2577-8896
	＜網址＞http://www.tohan.com.tw
郵撥帳號	1405049-4
法律顧問	蕭雄淋律師
總 經 銷	聯合發行股份有限公司
	＜電話＞(02)2917-8022

購買本書者，如遇缺頁或裝訂錯誤，
請寄回調換（海外地區除外）。
Printed in Taiwan

TOHAN